有趣的
动物王国

你能找到我吗?

张功学◎主编

陕西新华出版传媒集团
未 来 出 版 社

目录

kū yè dié
枯叶蝶

在色彩斑斓的蝴蝶世界里，枯叶蝶看起来很不起眼。不过，它却有着十分了不起的伪装能力。枯叶蝶的翅膀就和枯叶一模一样，不仅有叶片和叶柄，上面还有一条深褐色的叶脉呢！你看，它把翅膀合拢，停在树木的枯叶间一动不动，是不是很难被发现。

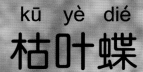

动物小档案

家　　族	昆虫纲
食　　物	植物汁液
主要特点	翅膀合拢时像一片枯叶

1

我还知道

虽然有些竹节虫的翅膀已经退化了，但很多竹节虫有两对翅膀，前翅是革质的，薄膜一样的后翅则隐藏在革翅下面。

zhú jié chóng
竹节虫

zhú jié chóng de míng zi shí fēn xíng xiàng　tā de zhěng gè shēn zi jiù xiàng yī gēn kū shù zhī　sān duì xì cháng de tuǐ zài shēn
竹节虫的名字十分形象。它的整个身子就像一根枯树枝，三对细长的腿在身

tǐ liǎng cè shēn kāi　shàngmiàn hái yǒu fēn jié　kàn shàng qù hé shù zhī méi shén me fēn bié　zhú jié chóng zǒng shì jìng jìng de fú zài
体两侧伸开，上面还有分节，看上去和树枝没什么分别。竹节虫总是静静地伏在

shù zhī shang　kàn shàng qù wán quán jiù xiàng yī jié zài wēi fēng zhōng dǒu dòng de zhú zhī　rú cǐ gāo chāo de wěi zhuāng jì shù　nán guài
树枝上，看上去完全就像一截在微风中抖动的竹枝。如此高超的伪装技术，难怪

rén men jiāng tā chēng wéi　wěi zhuāng dà shī
人们将它称为"伪装大师"。

动物小档案

家　　　族｜昆虫纲
食　　　物｜植物叶片
主要特点｜静止不动时像一节竹枝

叶䗛
yè xiū

yè xiū yě shì zhú jié chóng de yī zhǒng dàn tā
叶䗛也是竹节虫的一种，但它

zhǎng de bù xiàng kū zhī ér kù sì yī piàn shù yè
长得不像枯枝，而酷似一片树叶。

yè xiū quánshēn dōu shì lǜ sè de dà dà de qián chì
叶䗛全身都是绿色的，大大的前翅

jiù xiàng yī piàn wánzhěng de shù yè shàngmiàn hái yǒu qīng
就像一片完整的树叶，上面还有清

xī de yè mài ne pá xíng de shí hou yè xiū huì
晰的叶脉呢！爬行的时候，叶䗛会

lái huí huàngdòng zì jǐ de shēn tǐ kàn qǐ lái jiù xiàng
来回晃动自己的身体，看起来就像

bèi fēng chuī dòng de shù yè zhè shí xiǎngzhǎo dào tā jiù
被风吹动的树叶，这时想找到它就

gèng nán la
更难啦！

我还知道

叶䗛能完美地模仿树叶的各种形状，有些叶䗛的身体边缘就像被其他昆虫啃食过似的，还有些则像正在渐渐枯萎的叶片。

动物小档案

家　　　族	昆虫纲
食　　　物	树叶
主要特点	善于将全身伪装成一片树叶

kū yè táng láng
枯叶螳螂

kū yè táng láng shì táng láng zhōng de wěi zhuāng gāo shǒu   tā shēng huó zài mǎ lái xī yà   fēi lù bīn děng dì de yà rè dài yǔ
枯叶螳螂是螳螂中的伪装高手。它生活在马来西亚、菲律宾等地的亚热带雨

lín li   wèi le duǒ bì tiān dí hé gèng hǎo de mì shí   tā jiù mó nǐ qǐ zhōu biān de shēng cún huán jìng   biàn de yǔ kū yè tóng sè
林里。为了躲避天敌和更好地觅食，它就模拟起周边的生存环境，变得与枯叶同色。

kū yè táng láng zǒng shì jìng jìng tíng zài shù zhī shang   hé lǒng de shuāng chì kù sì   yī piàn wán zhěng de kū yè   lián liù tiáo tuǐ dōu tè bié
枯叶螳螂总是静静停在树枝上，合拢的双翅酷似一片完整的枯叶，连六条腿都特别

xiàng cán yè de yè bǐng ne
像残叶的叶柄呢！

动物小档案
家　　族｜昆虫纲
食　　物｜小昆虫
主要特点｜外形酷似一片树叶

我还知道

有一种枯叶螳螂叫眼镜蛇枯叶螳螂,它在受到惊吓时会撑开翅膀,露出翅膀和前肢上的奇异花纹,伪装成眼镜蛇的样子来吓唬敌人。

dòu dīng hǎi mǎ
豆丁海马

豆丁海马是一种只有几厘米长的小海马，又叫侏儒小海马，伪装能力一流。它总是生活在珊瑚丛里，身体的颜色和形状也与珊瑚十分相像。有意思的是，豆丁海马并不是一出生就长成了珊瑚的样子，它在选定好一片特定的珊瑚丛后，只需要几天时间就能完成变身。

我还知道

如果生活在比较平滑的珊瑚中，豆丁海马的身体就是光滑的；如果生活在凹凸不平的珊瑚丛中，豆丁海马身上也会长出"肉瘤"。

动物小档案

家　　族｜鱼纲
食　　物｜浮游生物
主要特点｜能将身体变成珊瑚的样子

dú yóu
毒鲉

毒鲉又叫石头鱼,顾名思义,它长得很像一块石头。毒鲉看起来确实挺丑的,全身疙里疙瘩、凹凸不平,不过它的伪装本领十分高强。它总是隐藏在珊瑚礁或岩礁间,就算有动物靠近也一动不动,那独特的样子实在太像一块不起眼的石头了,所以很难被发现。

动物小档案

家　　族｜鱼纲
食　　物｜小鱼、甲壳类动物
主要特点｜毒性剧烈,被列为"世界十大毒王之一"

11

璧鱼
bì yú

璧鱼是一种小型鱼类，生活在海底茂

密的珊瑚礁和海藻中。它的身体圆圆的，

动作很不灵活，为了防止敌人发现，它总是

一动不动地躲在礁石间。璧鱼的皮肤十分

粗糙，躲在海底不动时，看起来真的很

像一块大石头。而且，它还会随着周

围环境的变化改变自己的体形和颜

色呢！

ZOOM LENS 70-300 mm
Φ 77 mm

我还知道

　　璧鱼虽然是生活在海里的鱼类，可它却不会游泳！所以平时，它只能用它那特化了的胸鳍，像小狗一样在海底爬行。

动物小档案

家　　族	鱼纲
食　　物	小鱼、甲壳类动物
主要特点	体形和颜色随环境而改变

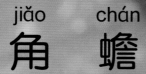

角蟾
jiǎo   chán

角蟾，就是头上长"角"的
蟾蜍，属于蛙类。很多种类的
角蟾都长得像一片枯叶，所以
它还有个名字叫"枯叶蛙"。除
了眼睛上面那两个"尖角"外，
角蟾最显著的特点就是有出色
的伪装能力。它的伪装十分
精细，甚至能把背上的皮肤折
叠成叶脉的样子。

我还知道

青蛙小时候是小蝌蚪，同样，角蟾也是在水里长大的。不过，角蟾小时候的样子和普通蝌蚪不太一样，长着一张吸盘似的大嘴。

动物小档案

家　　族	两栖纲
食　　物	昆虫
主要特点	长相酷似枯叶

biàn sè lóng
变色龙

biàn sè lóng jué duì shì zì rán jiè dāng zhī wú kuì de
变色龙绝对是自然界当之无愧的

wěi zhuāng gāo shǒu　　tīng míng zi jiù zhī dào　　tā néng suí
"伪装高手"，听名字就知道，它能随

shí gǎi biàn zì jǐ shēn tǐ de yán sè　　bù guǎn zhōu wéi huán
时改变自己身体的颜色。不管周围环

jìng shén me yàng　　tā dōu néng wán měi de róng rù huán jìng dāng
境什么样，它都能完美地融入环境当

zhōng　　bù ràng tiān dí fā xiàn　　yào shì bù xìng
中，不让天敌发现。要是不幸

bèi fā xiàn le　　biàn sè lóng hái huì hū rán ràng zì
被发现了，变色龙还会忽然让自

jǐ shēn tǐ de yán sè biàn de shí fēn xiān yàn　　bǎ dí rén
己身体的颜色变得十分鲜艳，把敌人

xià yī dà tiào　　zì jǐ chèn jī táo pǎo
吓一大跳，自己趁机逃跑。

我还知道

变色龙有一条长长的舌头,平时它总是一动不动地躲在树丛中,一旦看见昆虫飞过,就闪电般地伸出长舌头去捕捉。

动物小档案

家　　族	爬行纲
食　　物	昆虫、蜘蛛
主要特点	能随环境变化改变体色

叶尾壁虎

yè wěi bì hǔ

叶尾壁虎是一种尾巴长得像枯叶的壁虎，拥有超强的伪装能力。它平时生活在树上，白天总是头朝地面安静地趴在树干上，身体的花纹和颜色能与环境完美地融为一体。有些种类的叶尾壁虎生活在青苔覆盖的树丛中，身上还会长出苔藓一样的颜色来。

动物小档案

家　　族｜爬行纲
食　　物｜昆虫
主要特点｜尾巴长得像一片枯叶

我还知道

有一种叶尾壁虎眼睛是红色的,头上还有两个尖尖的小"角",就像长角的恶魔撒旦一样,所以叫撒旦叶尾壁虎。

雷鸟

léi niǎo

雷鸟是寒带地区特有的鸟类。它不能飞太远，自卫能力也不强，为了自保，它练成了一项"绝技"，那就是随着季节的变换改变羽毛的颜色。一年四季景色不同，雷鸟的羽毛颜色就一直变换，到了白雪皑皑的冬天，它全身就会变成纯白一片。

动物小档案

家　　族｜鸟纲
食　　物｜植物的浆果、花、嫩叶和芽
主要特点｜一年四季羽毛颜色不同

图书在版编目（CIP）数据

有趣的动物王国. 第二辑 / 张功学主编. —西安：
未来出版社，2018.8
ISBN 978-7-5417-6649-7

Ⅰ．①有… Ⅱ．①张… Ⅲ．①动物—儿童读物 Ⅳ．
①Q95-49

中国版本图书馆 CIP 数据核字（2018）第 157930 号

有趣的动物王国（第二辑）
YOUQU DE DONGWU WANGGUO

你能找到我吗？
NI NENG ZHAODAO WO MA

主　　编	张功学
丛书统筹	魏广振
责任编辑	陈丹盈
美术编辑	许　歌
出版发行	陕西新华出版传媒集团　未来出版社
地　　址	西安市丰庆路 91 号　邮编：710082
电　　话	029-84288458
开　　本	787mm×1092mm　1/12
印　　张	20
字　　数	100 千
印　　刷	陕西安康天宝实业有限公司
版　　次	2019 年 1 月第 1 版
印　　次	2019 年 1 月第 1 次印刷
书　　号	ISBN 978-7-5417-6649-7
定　　价	118.00 元（全十册）

有趣的动物王国

请你来参观我的家

张功学 ◎ 主编

陕西新华出版传媒集团

未 来 出 版 社

目录

白蚁

bái yǐ suī rán yě jiào yǐ qí shí hé mǎ yǐ shì wán quán bù tóng de liǎng zhǒng
白蚁虽然也叫"蚁",其实和蚂蚁是完全不同的两种

kūn chóng shuō qǐ bái yǐ tā men kě shì kūn chóng zhōng jié chū de jiàn zhù shī ne
昆虫。说起白蚁,它们可是昆虫中杰出的建筑师呢!

tā men de dì shang cháo xué fēi cháng zhuàng guān yǒu de shèn zhì néng dá dào jìn
它们的地上巢穴非常壮观,有的甚至能达到近

shí mǐ gāo ér qiě jié gòu shí fēn fù zá gèng shén qí de shì bù guǎn wài
十米高,而且结构十分复杂。更神奇的是,不管外

miàn huán jìng zěn me biàn huà bái yǐ cháo nèi dōu néng bǎo chí xiāng duì wěn dìng de
面环境怎么变化,白蚁巢内都能保持相对稳定的

wēn dù hé shī dù bái yǐ shì yī zhǒng wēi hài xìng hěn dà de kūn chóng
温度和湿度。白蚁是一种危害性很大的昆虫。

动物小档案

家   族|昆虫纲
食   物|植物纤维、木材
主要特点|动物界的建筑大师

1

织叶蚁
zhī yè yǐ

织叶蚁是一种善于用树叶来筑巢的蚂蚁。因为织叶蚁幼虫吐出的丝很结实，能够牢牢粘住叶片的边缘，所以筑巢时，一部分成年工蚁会把叶片拉拢起来，另一部分则叼着幼虫在叶片边缘来回穿梭，像织布一样织满密密的线。不一会儿，一个叶片卷成的球形巢就做好了。

我还知道

和所有的蚂蚁一样，织叶蚁家族也有明确的分工，通常参与筑巢的只有工蚁，而蚁后就在筑好的巢里产卵。

动物小档案

家　　　族	昆虫纲
食　　　物	小昆虫、各种杂食
主要特点	幼虫吐丝"编织"叶片做巢

蜜蜂
mì fēng

蜜蜂被称为昆虫界的"建筑大师"。它建造的蜂巢由一个个大小相同的正六边形蜂房组成，看起来既美观又牢固。蜜蜂筑巢时，会先把肚子里的花蜜转换成蜂蜡，再把蜂蜡放在嘴里嚼成小片，均匀地涂抹在蜂巢里，最后经过一番精心的修饰，一间六边形的蜂房就做好啦！

我还知道

　　蜜蜂过群居生活，群体中有一个蜂王负责产卵繁殖后代，一些雄蜂专司交配，大量的工蜂负责筑巢、采蜜等工作。

动物小档案

家　　族	昆虫纲
食　　物	花粉、花蜜
主要特点	建造六边形的蜂房

<ruby>河<rt>hé</rt></ruby> <ruby>狸<rt>lí</rt></ruby>

<ruby>河<rt>hé</rt></ruby><ruby>狸<rt>lí</rt></ruby><ruby>是<rt>shì</rt></ruby><ruby>水<rt>shuǐ</rt></ruby><ruby>边<rt>biān</rt></ruby><ruby>的<rt>de</rt></ruby>"<ruby>建<rt>jiàn</rt></ruby><ruby>筑<rt>zhù</rt></ruby><ruby>专<rt>zhuān</rt></ruby><ruby>家<rt>jiā</rt></ruby>",<ruby>它<rt>tā</rt></ruby><ruby>们<rt>men</rt></ruby><ruby>的<rt>de</rt></ruby>"<ruby>小<rt>xiǎo</rt></ruby><ruby>屋<rt>wū</rt></ruby>"<ruby>紧<rt>jǐn</rt></ruby><ruby>靠<rt>kào</rt></ruby><ruby>在<rt>zài</rt></ruby><ruby>河<rt>hé</rt></ruby><ruby>岸<rt>àn</rt></ruby><ruby>边<rt>biān</rt></ruby>,<ruby>用<rt>yòng</rt></ruby><ruby>于<rt>yú</rt></ruby><ruby>出<rt>chū</rt></ruby><ruby>入<rt>rù</rt></ruby><ruby>的<rt>de</rt></ruby><ruby>洞<rt>dòng</rt></ruby><ruby>口<rt>kǒu</rt></ruby><ruby>和<rt>hé</rt></ruby><ruby>隧<rt>suì</rt></ruby><ruby>道<rt>dào</rt></ruby><ruby>都<rt>dōu</rt></ruby><ruby>隐<rt>yǐn</rt></ruby><ruby>藏<rt>cáng</rt></ruby><ruby>在<rt>zài</rt></ruby><ruby>水<rt>shuǐ</rt></ruby><ruby>下<rt>xià</rt></ruby>,<ruby>很<rt>hěn</rt></ruby><ruby>难<rt>nán</rt></ruby><ruby>被<rt>bèi</rt></ruby><ruby>找<rt>zhǎo</rt></ruby><ruby>到<rt>dào</rt></ruby>。<ruby>河<rt>hé</rt></ruby><ruby>狸<rt>lí</rt></ruby><ruby>的<rt>de</rt></ruby><ruby>拿<rt>ná</rt></ruby><ruby>手<rt>shǒu</rt></ruby><ruby>绝<rt>jué</rt></ruby><ruby>活<rt>huó</rt></ruby><ruby>儿<rt>er</rt></ruby><ruby>是<rt>shì</rt></ruby><ruby>建<rt>jiàn</rt></ruby><ruby>水<rt>shuǐ</rt></ruby><ruby>坝<rt>bà</rt></ruby>,<ruby>每<rt>měi</rt></ruby><ruby>当<rt>dāng</rt></ruby><ruby>河<rt>hé</rt></ruby><ruby>水<rt>shuǐ</rt></ruby><ruby>水<rt>shuǐ</rt></ruby><ruby>位<rt>wèi</rt></ruby><ruby>下<rt>xià</rt></ruby><ruby>降<rt>jiàng</rt></ruby><ruby>时<rt>shí</rt></ruby>,<ruby>它<rt>tā</rt></ruby><ruby>们<rt>men</rt></ruby><ruby>就<rt>jiù</rt></ruby><ruby>会<rt>huì</rt></ruby><ruby>用<rt>yòng</rt></ruby><ruby>树<rt>shù</rt></ruby><ruby>枝<rt>zhī</rt></ruby><ruby>和<rt>hé</rt></ruby><ruby>泥<rt>ní</rt></ruby><ruby>巴<rt>ba</rt></ruby><ruby>在<rt>zài</rt></ruby><ruby>小<rt>xiǎo</rt></ruby><ruby>窝<rt>wō</rt></ruby><ruby>周<rt>zhōu</rt></ruby><ruby>围<rt>wéi</rt></ruby><ruby>建<rt>jiàn</rt></ruby><ruby>一<rt>yī</rt></ruby><ruby>条<rt>tiáo</rt></ruby><ruby>水<rt>shuǐ</rt></ruby><ruby>坝<rt>bà</rt></ruby>,<ruby>来<rt>lái</rt></ruby><ruby>积<rt>jī</rt></ruby><ruby>蓄<rt>xù</rt></ruby><ruby>河<rt>hé</rt></ruby><ruby>水<rt>shuǐ</rt></ruby>、<ruby>提<rt>tí</rt></ruby><ruby>高<rt>gāo</rt></ruby><ruby>水<rt>shuǐ</rt></ruby><ruby>位<rt>wèi</rt></ruby>,<ruby>以<rt>yǐ</rt></ruby><ruby>防<rt>fáng</rt></ruby><ruby>水<rt>shuǐ</rt></ruby><ruby>下<rt>xià</rt></ruby><ruby>的<rt>de</rt></ruby><ruby>洞<rt>dòng</rt></ruby><ruby>口<rt>kǒu</rt></ruby><ruby>被<rt>bèi</rt></ruby><ruby>天<rt>tiān</rt></ruby><ruby>敌<rt>dí</rt></ruby><ruby>发<rt>fā</rt></ruby><ruby>现<rt>xiàn</rt></ruby>。

我还知道

河狸在陆地上行动迟缓，喜欢安静，不远离水边，遇危险立即跳入水中，用尾拍水面，以示警告。

动物小档案

家　　族 | 哺乳纲
食　　物 | 植物的嫩枝、树皮等
主要特点 | 善于修筑水坝

白鹳
bái guàn

白鹳的个头儿又高又大，所以
bái guàn de gè tóu er yòu gāo yòu dà suǒ yǐ

它们建的巢也特别大。它们喜欢在
tā men jiàn de cháo yě tè bié dà tā men xǐ huan zài

高高的树杈和人类的屋顶上建巢。
gāo gāo de shù chà hé rén lèi de wū dǐng shang jiàn cháo

巢由干燥的树枝和干草编织而成，
cháo yóu gān zào de shù zhī hé gān cǎo biān zhī ér chéng

中间低四周高，像一个"大盘子"。
zhōng jiān dī sì zhōu gāo xiàng yī gè dà pán zi

为了让巢变得更温暖舒适，聪明的
wèi le ràng cháo biàn de gèng wēn nuǎn shū shì cōng míng de

白鹳还会在巢中间铺上一层厚厚
bái guàn hái huì zài cháo zhōng jiān pū shàng yī céng hòu hòu

的干草和羽毛呢。
de gān cǎo hé yǔ máo ne

我还知道

　　白鹳生活在水边，总是安静地在湖边或沼泽地带漫步，步履轻盈优雅，边走边啄食，吃饱后就站在原地休息。

动物小档案

家　　族	鸟纲
食　　物	蛙、昆虫、蜥蜴等
主要特点	在树杈和屋顶上筑巢

yàn zi
燕 子

yàn zi shì yī zhǒng rě rén
燕子是一种惹人

xǐ ài de xiǎo niǎo　tā men jīng cháng zài
喜爱的小鸟，它们经常在

rén men de lóu fáng dǐng hé wū yán xià zhù cháo
人们的楼房顶和屋檐下筑巢。

yàn zi fū fù huì lún liú xián lái ní ba hé cǎo jīng
燕子夫妇会轮流衔来泥巴和草茎，

yī diǎn diǎn tú mǒ zài fáng yán xià de qiáng bì shang
一点点涂抹在房檐下的墙壁上。

jīng guò yī duàn shí jiān de duī qì　　yī gè jǐn tiē
经过一段时间的堆砌，一个紧贴

zhe qiáng bì　　zào xíng xiàng xiǎo wǎn yī yàng de cháo jiù
着墙壁、造型像小碗一样的巢就

jiàn hǎo le
建好了。

动物小档案

家 族	鸟纲
食 物	小昆虫
主要特点	会捕捉害虫

70-300 mm
ZOOM LENS
Φ 77 mm

我还知道

燕子的尾巴长得像一把剪刀，是因为这种形状不仅能减小空气阻力，提高飞行速度，还能更好地保持身体平衡，有利于它们每年迁徙。

灶 鸟

灶鸟有鸟类中的"泥瓦匠"之称。它们会四处寻找泥土和干草，然后用嘴和脚把这些材料搅拌成"混合泥土"，再一点一点地涂抹在树杈上。几周之后，一个坚固结实、像炉灶一样的房子就建好了。你看，细心的灶鸟还给房子里铺了一层柔软的干草呢！

我还知道

和它们的巢比起来，灶鸟自身长得并不起眼。它们身上的羽毛主要是灰褐色的，胸前还有一道道条纹。其中，棕灶鸟为阿根廷的国鸟。

动物小档案

家　　族	鸟纲
食　　物	昆虫、植物种子
主要特点	建造的巢像炉灶

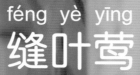

féng yè yīng
缝叶莺

缝叶莺被人们称为鸟类中的"裁缝专家"。它们筑巢时，会先用脚爪将叶片卷成一个圆筒，再用自己的尖嘴在树叶边缘打一排小孔，然后将早就准备好的植物纤维、蜘蛛丝当作"缝线"穿过小孔，细心地打好结。这样，一个又美观又结实的树叶巢就做好了。

我还知道

    缝叶莺是一种食虫益鸟，其中长尾缝叶莺是缝叶莺家族最出名的成员，它小巧玲珑，嘴尖脚细，性情活泼，十分惹人喜爱。

动物小档案

家　　族	鸟纲
食　　物	小昆虫
主要特点	会缝制口袋状叶片巢

pān què
攀雀

pān què xǐ huan zài zhī yè nóng mì de
攀雀喜欢在枝叶浓密的

shù shāoshang zhù cháo　zhù cháo shí　tā men
树梢上筑巢。筑巢时，它们

zuǐ li xián zhe cháng ér jiān rèn de yáng máo xiān
嘴里衔着长而坚韧的羊毛纤

wéi　wéi rào zhe gāo gāo de shù shāo fēi wǔ
维，围绕着高高的树梢飞舞，

yī huì er　zhè xiē xiān wéi jiù láo láo de chán
一会儿，这些纤维就牢牢地缠

rào zài le zhī tóu shang chéng le yī gè　xiǎo
绕在了枝头上，成了一个"小

luó kuāng　jiē zhe　pān què yòu bǎ xǔ duō
箩筐"。接着，攀雀又把许多

liǔ xù yáng huā yǐ jí yáng máo zhā zài cháo bì
柳絮、杨花以及羊毛扎在巢壁

shang　zhè yàng zhù chéng de cháo bù jǐn hěn nuǎn
上，这样筑成的巢不仅很暖

huo　hái néng fáng zhǐ bèi fēng chuī luò ne
和，还能防止被风吹落呢。

16

我还知道

攀雀是攀禽，自有高超的攀缘技巧，它们一般栖息于水边的芦苇丛或柳、桦、杨等树间，喜欢倒挂在树枝上翻来翻去，就像在做杂技或者体操表演。

动物小档案

家　　族	鸟纲
食　　物	昆虫，植物的叶、花、芽等
主要特点	在枝叶浓密的树梢上筑巢

织巢鸟

zhī cháo niǎo

织巢鸟擅长用嫩枝和干草来编织鸟巢。它们会先找一些粗壮的枝条，将它们连接在树枝上做成一个坚固的"屋顶"，再从上到下一点一点地编织，将新的干草和枝条穿插在上面，最后在底部留一个小口用来出入。远远看去，就像在树枝上挂了一个用草编成的瓶子。

动物小档案

家　　族	鸟纲
食　　物	植物果实、小昆虫
主要特点	会建造瓶子状的鸟巢

ZOOM LENS 70-300 mm Φ 77 mm

我还知道

雄性织巢鸟将鸟巢织到一半时，就会站在巢上边扇动翅膀边唱歌，等雌鸟被吸引过来后再织完另一半鸟巢。

我还知道

厦鸟的"大厦"主要是用干树枝和草茎建成的,它们嘴巴尖尖的,很适合衔起各种各样的枯枝和草叶。

shà niǎo
厦 鸟

shà niǎo xǐ huan zhào jí tóng bàn jiàn zào yī suǒ qì pài de gōng yù zài yī qǐ rù zhù zhù cháo
厦鸟喜欢召集同伴建造一所气派的"公寓",再一起入住。筑巢

shí shà niǎo men qí xīn xié lì fēn fēn xián lái cǎo jīng hé ní ba zài gāo gāo de shù dǐng shang hú chéng
时,厦鸟们齐心协力,纷纷衔来草茎和泥巴,在高高的树顶上糊成

sǎn zhuàng zuò chéng fáng shuǐ de wū dǐng rán hòu tā men fēn tóu xíng dòng zài wū dǐng xià fāng biān zhī
伞状,做成防水的"屋顶"。然后它们分头行动,在"屋顶"下方编织

zì jǐ de xiǎo cháo bù jiǔ yī zuò néng róng nà jǐ bǎi duì shà niǎo fū qī de dà shà jiù jiàn chéng le
自己的小巢。不久,一座能容纳几百对厦鸟夫妻的"大厦"就建成了。

20

动物小档案

家　　族｜鸟纲
食　　物｜植物果实、种子、嫩叶等
主要特点｜建造最大的鸟巢"大厦"

21

图书在版编目（CIP）数据

有趣的动物王国. 第二辑 / 张功学主编. —西安:
未来出版社，2018.8
ISBN 978-7-5417-6649-7

Ⅰ. ①有… Ⅱ. ①张… Ⅲ. ①动物—儿童读物 Ⅳ.
①Q95-49

中国版本图书馆 CIP 数据核字（2018）第 157930 号

有趣的动物王国（第二辑）
YOUQU DE DONGWU WANGGUO

请你来参观我的家
QING NI LAI CANGUAN WO DE JIA

主　　编　张功学
丛书统筹　魏广振
责任编辑　陈丹盈
美术编辑　许　歌
出版发行　陕西新华出版传媒集团　未来出版社
地　　址　西安市丰庆路 91 号　邮编：710082
电　　话　029-84288458
开　　本　787mm×1092mm　1/12
印　　张　20
字　　数　100 千
印　　刷　陕西安康天宝实业有限公司
版　　次　2019 年 1 月第 1 版
印　　次　2019 年 1 月第 1 次印刷
书　　号　ISBN 978-7-5417-6649-7
定　　价　118.00 元（全十册）

有趣的动物王国

我们是这样长大的

张功学 ◎ 主编

陕西新华出版传媒集团
未 来 出 版 社

hú fēng
胡蜂

和蜜蜂一样，胡蜂也是组成一个小社会集体生活的。胡蜂从小到大要经历卵、幼虫、蛹和成虫四个阶段，负责产卵的蜂王把卵产在蜂房里，孵化成的幼虫也一直生活在蜂房中，由工蜂外出寻找食物来喂养。幼虫长到一定程度会结蛹，并最终从蛹中蜕变为成虫。

动物小档案

家　　族	昆虫纲
食　　物	小昆虫、水果
主要特点	搭建蜂巢集体生活

1

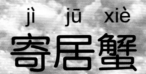寄居蟹

寄居蟹是一种很有趣的海洋动物,它的身体非常柔软,需要用坚硬的螺壳来保护自己。小寄居蟹一孵化出来,就要四处寻找空的螺壳。而随着寄居蟹的身体渐渐长大,它就要换一个新的更大的螺壳。如果找不到合适的螺壳,寄居蟹就会把海螺杀死,占领螺壳。

我还知道

　　寄居蟹长了一对强壮的"大钳子"，用来取食和御敌。一旦遇到危险，它就会立刻缩进螺壳里，并用两只"大钳子"堵住螺口。

动物小档案

家　　族｜软甲纲
食　　物｜藻类、食物残渣
主要特点｜寄居在海螺的空壳里

3

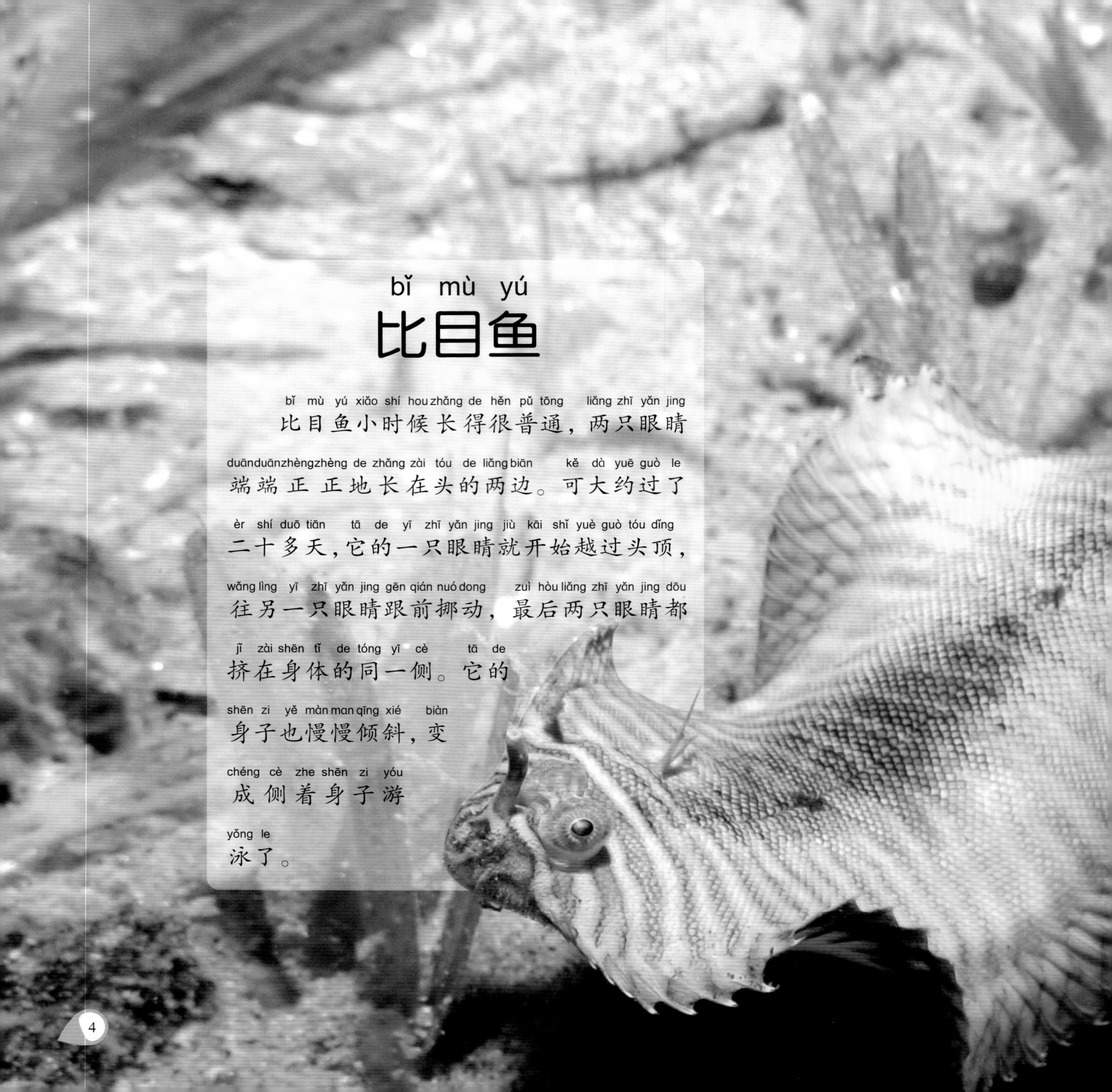

bǐ mù yú

比目鱼

bǐ mù yú xiǎo shí hou zhǎng de hěn pǔ tōng liǎng zhī yǎn jing
比目鱼小时候长得很普通，两只眼睛
duān duān zhèng zhèng de zhǎng zài tóu de liǎng biān kě dà yuē guò le
端端正正地长在头的两边。可大约过了
èr shí duō tiān tā de yī zhī yǎn jing jiù kāi shǐ yuè guò tóu dǐng
二十多天，它的一只眼睛就开始越过头顶，
wǎng lìng yī zhī yǎn jing gēn qián nuó dong zuì hòu liǎng zhī yǎn jing dōu
往另一只眼睛跟前挪动，最后两只眼睛都
jǐ zài shēn tǐ de tóng yī cè tā de
挤在身体的同一侧。它的
shēn zi yě màn man qīng xié biàn
身子也慢慢倾斜，变
chéng cè zhe shēn zi yóu
成侧着身子游
yǒng le
泳了。

我还知道

比目鱼贴近海底的一面皮肤颜色较淡，而朝上的一面则呈棕色，和周围泥沙的颜色很接近，这样有利于它躲避敌害和伺机捕食。

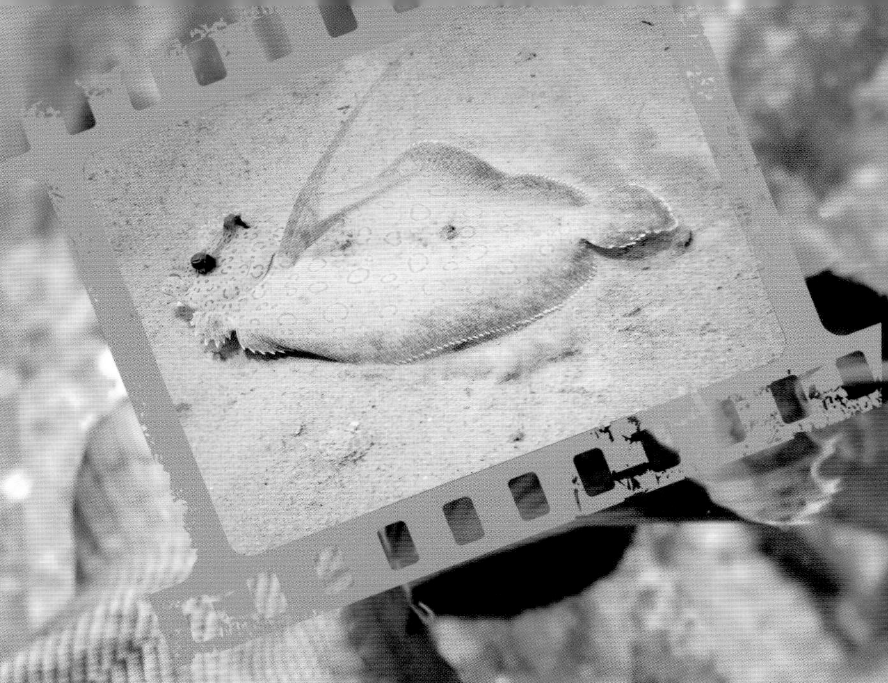

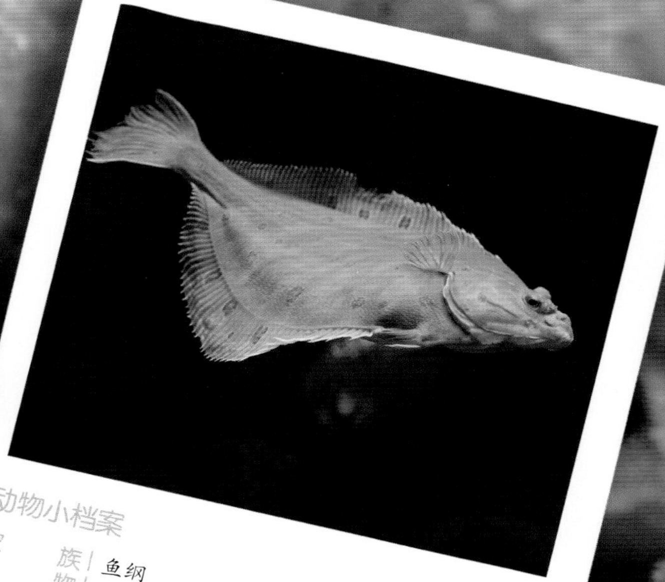

动物小档案

家　　族｜鱼纲

食　　物｜小鱼、小虾等

主要特点｜长大后眼睛挪到同一侧

fān chē yú
翻车鱼

翻车鱼妈妈可是海洋中最能生产的鱼,它一次甚至能产上亿颗卵!不过,卵一产完翻车鱼妈妈就不管了,只留下翻车鱼爸爸担负护卵、育儿的职责,直到小鱼长大。小翻车鱼十分脆弱,再加上天敌众多,上亿颗卵中可能只有几十颗能长成大鱼。

我还知道

翻车鱼有时会翻躺在海面上，所以得名"翻车鱼"。因为它翻躺在海面上的样子好像在做日光浴，所以又被称为"太阳鱼"。

动物小档案

家　　族	鱼纲
食　　物	水母、小鱼、软体动物、海藻等
主要特点	爸爸照顾幼鱼长大

箱鲀

箱鲀小时候长得像一颗金黄色带有黑点的圆球，常隐藏在珊瑚丛的阴影里，伺机捕食一些小猎物。等到长大以后，箱鲀的身体会变得方方正正的，就像一只小箱子，只能摆动着小鳍慢慢地游动，动作十分滑稽可笑。

我还知道

箱鲀的鳃无法活动，所以它只能张开突出的小嘴，让水从口腔流到鳃部。它还经常用突出的嘴啄食附在岩石上的小型动物。

动物小档案

家　　族	鱼纲
食　　物	甲壳类、贝类
主要特点	长大后体形方正，又被称为"盒子鱼"

青蛙
qīng wā

青蛙是一种常见的两栖动物，它小时候生活在水里，长大后还可以在陆地上生活。青蛙妈妈把卵产在水中，卵孵化成一只只长尾巴的小蝌蚪。随着小蝌蚪慢慢长大，它身后的尾巴越来越短，长出来四条腿，最后变成了一只身穿绿衣裳的小青蛙。

我还知道

青蛙是捕捉害虫的能手，因此还有"庄稼卫士"的称号。只要小飞虫从身边飞过，它就能快速地伸出舌头把害虫吃掉。

动物小档案

家　　族	两栖纲
食　　物	小昆虫
主要特点	幼体小蝌蚪变态发育成为成体青蛙

我还知道

鸭嘴兽生活在水边，是游泳能手。它那宽大的脚掌很适合划水，粗大的尾巴则起着舵的作用，能够稳稳地控制住方向。

yā zuǐ shòu
鸭嘴兽

yā zuǐ shòu pī zhe nóng mì de pí máo   què yòu zhǎng le yī zhāng
鸭嘴兽披着浓密的皮毛，却又长了一张

yā zi bān de biǎn zuǐ hé sì zhī dà jiǎo   tā xiàng pá xíng dòng wù yī yàng
鸭子般的扁嘴和四只大脚；它像爬行动物一样

chǎn dàn   què xiàng qí tā bǔ rǔ dòng wù yī yàng yòng rǔ zhī wèi yǎng hái zi
产蛋，却像其他哺乳动物一样用乳汁喂养孩子，

shí zài shì qí guài jí le   xiǎo yā zuǐ shòu chū shēng hòu   jiù zhēng xiān kǒng hòu de pā fú zài
实在是奇怪极了！小鸭嘴兽出生后，就争先恐后地趴伏在

mā ma de dù zi shang tiǎn shí rǔ zhī   zhí dào tā men néng gòu wài chū mì shí wéi zhǐ
妈妈的肚子上舔食乳汁，直到它们能够外出觅食为止。

动物小档案

家　　族｜哺乳纲
食　　物｜小的水生动物、昆虫、蚯蚓等
主要特点｜从蛋里出生，喝乳汁长大

13

<ruby>袋<rt>dài</rt></ruby> <ruby>鼠<rt>shǔ</rt></ruby>

<ruby>说<rt>shuō</rt></ruby><ruby>起<rt>qǐ</rt></ruby><ruby>袋<rt>dài</rt></ruby><ruby>鼠<rt>shǔ</rt></ruby>，<ruby>最<rt>zuì</rt></ruby><ruby>有<rt>yǒu</rt></ruby><ruby>名<rt>míng</rt></ruby><ruby>的<rt>de</rt></ruby><ruby>就<rt>jiù</rt></ruby><ruby>是<rt>shì</rt></ruby><ruby>袋<rt>dài</rt></ruby><ruby>鼠<rt>shǔ</rt></ruby><ruby>妈<rt>mā</rt></ruby><ruby>妈<rt>ma</rt></ruby><ruby>肚<rt>dù</rt></ruby><ruby>子<rt>zi</rt></ruby><ruby>上<rt>shang</rt></ruby><ruby>那<rt>nà</rt></ruby><ruby>个<rt>ge</rt></ruby><ruby>大<rt>dà</rt></ruby><ruby>口<rt>kǒu</rt></ruby>

<ruby>袋<rt>dai</rt></ruby><ruby>了<rt>le</rt></ruby>，<ruby>它<rt>tā</rt></ruby><ruby>们<rt>men</rt></ruby><ruby>的<rt>de</rt></ruby><ruby>名<rt>míng</rt></ruby><ruby>字<rt>zi</rt></ruby><ruby>也<rt>yě</rt></ruby><ruby>是<rt>shì</rt></ruby><ruby>因<rt>yīn</rt></ruby><ruby>此<rt>cǐ</rt></ruby><ruby>而<rt>ér</rt></ruby><ruby>来<rt>lái</rt></ruby><ruby>的<rt>de</rt></ruby>。<ruby>这<rt>zhè</rt></ruby><ruby>个<rt>gè</rt></ruby><ruby>大<rt>dà</rt></ruby><ruby>口<rt>kǒu</rt></ruby>

<ruby>袋<rt>dai</rt></ruby><ruby>其<rt>qí</rt></ruby><ruby>实<rt>shí</rt></ruby><ruby>是<rt>shì</rt></ruby><ruby>袋<rt>dài</rt></ruby><ruby>鼠<rt>shǔ</rt></ruby><ruby>妈<rt>mā</rt></ruby><ruby>妈<rt>ma</rt></ruby><ruby>的<rt>de</rt></ruby>"<ruby>育<rt>yù</rt></ruby><ruby>儿<rt>ér</rt></ruby><ruby>袋<rt>dài</rt></ruby>"。<ruby>小<rt>xiǎo</rt></ruby><ruby>袋<rt>dài</rt></ruby><ruby>鼠<rt>shǔ</rt></ruby>

<ruby>刚<rt>gāng</rt></ruby><ruby>生<rt>shēng</rt></ruby><ruby>下<rt>xià</rt></ruby><ruby>时<rt>shí</rt></ruby><ruby>还<rt>hái</rt></ruby><ruby>没<rt>méi</rt></ruby><ruby>有<rt>yǒu</rt></ruby><ruby>发<rt>fā</rt></ruby><ruby>育<rt>yù</rt></ruby><ruby>好<rt>hǎo</rt></ruby>，<ruby>它<rt>tā</rt></ruby><ruby>们<rt>men</rt></ruby><ruby>只<rt>zhǐ</rt></ruby><ruby>有<rt>yǒu</rt></ruby>

<ruby>人<rt>rén</rt></ruby><ruby>的<rt>de</rt></ruby><ruby>小<rt>xiǎo</rt></ruby><ruby>指<rt>zhǐ</rt></ruby><ruby>头<rt>tou</rt></ruby><ruby>的<rt>de</rt></ruby><ruby>一<rt>yī</rt></ruby><ruby>半<rt>bàn</rt></ruby><ruby>长<rt>cháng</rt></ruby>，<ruby>身<rt>shēn</rt></ruby><ruby>体<rt>tǐ</rt></ruby><ruby>半<rt>bàn</rt></ruby><ruby>透<rt>tòu</rt></ruby>

<ruby>明<rt>míng</rt></ruby>，<ruby>五<rt>wǔ</rt></ruby><ruby>官<rt>guān</rt></ruby><ruby>没<rt>méi</rt></ruby><ruby>长<rt>zhǎng</rt></ruby><ruby>开<rt>kāi</rt></ruby>，<ruby>所<rt>suǒ</rt></ruby><ruby>以<rt>yǐ</rt></ruby><ruby>必<rt>bì</rt></ruby><ruby>须<rt>xū</rt></ruby><ruby>待<rt>dāi</rt></ruby>

<ruby>在<rt>zài</rt></ruby><ruby>妈<rt>mā</rt></ruby><ruby>妈<rt>ma</rt></ruby><ruby>的<rt>de</rt></ruby><ruby>袋<rt>dài</rt></ruby><ruby>子<rt>zi</rt></ruby><ruby>里<rt>li</rt></ruby><ruby>继<rt>jì</rt></ruby><ruby>续<rt>xù</rt></ruby><ruby>发<rt>fā</rt></ruby><ruby>育<rt>yù</rt></ruby>。

我还知道

袋鼠的尾巴很有用处。它既能在袋鼠休息时支撑袋鼠的身体，又能在袋鼠跳跃时帮助它保持平衡，还能当作攻击敌人的武器使用。

动物小档案

家　　族	哺乳纲
食　　物	草、树叶等
主要特点	在妈妈的"袋子"里长大

shù dài xióng
树袋熊

shù dài xióng yòu míng kǎo lā hé dài shǔ yī yàng
树袋熊又名"考拉",和袋鼠一样，

yě yǒu yī gè yòng lái zhuāng yòu zǎi de xiǎo dài zi
也有一个用来装幼崽的"小袋子"。

xiǎo kǎo lā chū shēng hòu mā ma jiù huì bǎ tā fàng zài zhè
小考拉出生后，妈妈就会把它放在这

ge wēn nuǎn de dài zi li yòng xiāng tián de rǔ zhī wèi
个温暖的袋子里，用香甜的乳汁喂

yǎng tā xiǎo kǎo lā zhǎng dà hòu huì pá chū dài kǒu
养它。小考拉长大后，会爬出袋口，

yī wēi zài mā ma de dù zi shang chī dōng xi huò zhě dà
依偎在妈妈的肚子上吃东西，或者大

dǎn de pá dào mā ma bèi shang zì jǐ cǎi zhāi ān shù
胆地爬到妈妈背上，自己采摘桉树

yè chī
叶吃。

我还知道

树袋熊每天要抱着树干睡18个小时左右，剩下的时间，它基本会用来吃东西和发呆，真是一个不折不扣的"大懒虫"。

动物小档案

家　　族｜哺乳纲
食　　物｜桉树叶
主要特点｜大多数时间生活在树上

dù juān
杜 鹃

杜鹃鸟不像别的鸟儿一样，辛辛苦苦地筑巢产卵，它们会把蛋产在别的鸟巢里，让那些鸟替自己养孩子。因为它产的蛋和别的鸟蛋十分相似，所以不会被发现。而且小杜鹃鸟总是会先孵化出来，这时，它会把剩下的没孵出来的鸟蛋推出巢外，好独享"养母"的疼爱。

我还知道

　　杜鹃鸟生活在山地或平原地带的森林中,喜欢吃各种蝴蝶和蛾子的幼虫,尤其是松毛虫,对消灭森林里的害虫有重要作用。

动物小档案

家　　族｜鸟纲
食　　物｜昆虫、植物种子
主要特点｜把卵产在其他鸟的巢里

苍鹰
cāng yīng

苍鹰俗称老鹰，是一种凶猛的鸟儿，
cāng yīng sú chēng lǎo yīng shì yī zhǒng xiōng měng de niǎo er

能捕捉森林中的小动物。不过，这种猛禽
néng bǔ zhuō sēn lín zhōng de xiǎo dòng wù bù guò zhè zhǒng měng qín

对待自己的孩子却十分温柔。苍鹰爸爸和
duì dài zì jǐ de hái zi què shí fēn wēn róu cāng yīng bà ba hé

苍鹰妈妈会一起筑巢照顾自己
cāng yīng mā ma huì yī qǐ zhù cháo zhào gù zì jǐ

的宝宝，妈妈负责孵蛋，爸
de bǎo bao mā ma fù zé fū dàn bà

爸则担负起寻找食
ba zé dān fù qǐ xún zhǎo shí

物的责任。
wù de zé rèn

我还知道

苍鹰的视觉非常敏锐,平时它总是停在林间的树枝上,或在树丛间滑翔穿行,一旦发现猎物就迅速俯冲下去,用利爪抓住猎物。

动物小档案

家　　族	鸟纲
食　　物	森林里的小动物和小鸟
主要特点	爸爸妈妈共同照顾幼鸟

图书在版编目（CIP）数据

有趣的动物王国. 第二辑 / 张功学主编. —西安：
未来出版社，2018.8

ISBN 978-7-5417-6649-7

Ⅰ. ①有… Ⅱ. ①张… Ⅲ. ①动物—儿童读物 Ⅳ.
①Q95-49

中国版本图书馆 CIP 数据核字（2018）第 157930 号

有趣的动物王国（第二辑）
YOUQU DE DONGWU WANGGUO

我们是这样长大的
WOMEN SHI ZHEYANG ZHANGDA DE

主　　编	张功学
丛书统筹	魏广振
责任编辑	陈丹盈
美术编辑	许　歌
出版发行	陕西新华出版传媒集团　未来出版社
地　　址	西安市丰庆路 91 号　邮编：710082
电　　话	029-84288458
开　　本	787mm×1092mm　1/12
印　　张	20
字　　数	100 千
印　　刷	陕西安康天宝实业有限公司
版　　次	2019 年 1 月第 1 版
印　　次	2019 年 1 月第 1 次印刷
书　　号	ISBN 978-7-5417-6649-7
定　　价	118.00 元（全十册）

有趣的动物王国

比比看谁更快

张功学 ◎ 主编

陕西新华出版传媒集团

未来出版社

目录

<ruby>剑<rt>jiàn</rt></ruby> <ruby>鱼<rt>yú</rt></ruby>

<ruby>剑<rt>jiàn</rt></ruby><ruby>鱼<rt>yú</rt></ruby><ruby>是<rt>shì</rt></ruby><ruby>海<rt>hǎi</rt></ruby><ruby>洋<rt>yáng</rt></ruby><ruby>里<rt>lǐ</rt></ruby><ruby>当<rt>dāng</rt></ruby><ruby>仁<rt>rén</rt></ruby><ruby>不<rt>bù</rt></ruby><ruby>让<rt>ràng</rt></ruby><ruby>的<rt>de</rt></ruby><ruby>游<rt>yóu</rt></ruby><ruby>泳<rt>yǒng</rt></ruby><ruby>冠<rt>guàn</rt></ruby><ruby>军<rt>jūn</rt></ruby>。<ruby>它<rt>tā</rt></ruby><ruby>的<rt>de</rt></ruby><ruby>身<rt>shēn</rt></ruby><ruby>躯<rt>qū</rt></ruby><ruby>是<rt>shì</rt></ruby><ruby>流<rt>liú</rt></ruby><ruby>线<rt>xiàn</rt></ruby><ruby>型<rt>xíng</rt></ruby><ruby>的<rt>de</rt></ruby>，<ruby>可<rt>kě</rt></ruby><ruby>以<rt>yǐ</rt></ruby><ruby>大<rt>dà</rt></ruby><ruby>大<rt>dà</rt></ruby><ruby>减<rt>jiǎn</rt></ruby><ruby>少<rt>shǎo</rt></ruby><ruby>水<rt>shuǐ</rt></ruby><ruby>流<rt>liú</rt></ruby><ruby>的<rt>de</rt></ruby><ruby>摩<rt>mó</rt></ruby><ruby>擦<rt>cā</rt></ruby><ruby>力<rt>lì</rt></ruby>。<ruby>剑<rt>jiàn</rt></ruby><ruby>鱼<rt>yú</rt></ruby><ruby>的<rt>de</rt></ruby><ruby>嘴<rt>zuǐ</rt></ruby><ruby>巴<rt>ba</rt></ruby><ruby>像<rt>xiàng</rt></ruby><ruby>一<rt>yī</rt></ruby><ruby>柄<rt>bǐng</rt></ruby><ruby>长<rt>cháng</rt></ruby><ruby>长<rt>cháng</rt></ruby><ruby>的<rt>de</rt></ruby>"<ruby>利<rt>lì</rt></ruby><ruby>剑<rt>jiàn</rt></ruby>"，<ruby>能<rt>néng</rt></ruby><ruby>起<rt>qǐ</rt></ruby><ruby>到<rt>dào</rt></ruby><ruby>劈<rt>pī</rt></ruby><ruby>波<rt>bō</rt></ruby><ruby>斩<rt>zhǎn</rt></ruby><ruby>浪<rt>làng</rt></ruby><ruby>的<rt>de</rt></ruby><ruby>作<rt>zuò</rt></ruby><ruby>用<rt>yòng</rt></ruby>；<ruby>它<rt>tā</rt></ruby><ruby>那<rt>nà</rt></ruby><ruby>宽<rt>kuān</rt></ruby><ruby>大<rt>dà</rt></ruby><ruby>的<rt>de</rt></ruby><ruby>尾<rt>wěi</rt></ruby><ruby>鳍<rt>qí</rt></ruby><ruby>则<rt>zé</rt></ruby><ruby>为<rt>wèi</rt></ruby><ruby>身<rt>shēn</rt></ruby><ruby>体<rt>tǐ</rt></ruby><ruby>提<rt>tí</rt></ruby><ruby>供<rt>gōng</rt></ruby><ruby>了<rt>le</rt></ruby><ruby>强<rt>qiáng</rt></ruby><ruby>大<rt>dà</rt></ruby><ruby>的<rt>de</rt></ruby><ruby>推<rt>tuī</rt></ruby><ruby>动<rt>dòng</rt></ruby><ruby>力<rt>lì</rt></ruby>。<ruby>这<rt>zhè</rt></ruby><ruby>样<rt>yàng</rt></ruby><ruby>完<rt>wán</rt></ruby><ruby>美<rt>měi</rt></ruby><ruby>的<rt>de</rt></ruby><ruby>身<rt>shēn</rt></ruby><ruby>材<rt>cái</rt></ruby><ruby>使<rt>shǐ</rt></ruby><ruby>得<rt>de</rt></ruby><ruby>剑<rt>jiàn</rt></ruby><ruby>鱼<rt>yú</rt></ruby><ruby>就<rt>jiù</rt></ruby><ruby>像<rt>xiàng</rt></ruby><ruby>一<rt>yī</rt></ruby><ruby>艘<rt>sōu</rt></ruby>"<ruby>快<rt>kuài</rt></ruby><ruby>艇<rt>tǐng</rt></ruby>"，<ruby>能<rt>néng</rt></ruby><ruby>在<rt>zài</rt></ruby><ruby>海<rt>hǎi</rt></ruby><ruby>洋<rt>yáng</rt></ruby><ruby>中<rt>zhōng</rt></ruby><ruby>飞<rt>fēi</rt></ruby><ruby>速<rt>sù</rt></ruby><ruby>前<rt>qián</rt></ruby><ruby>进<rt>jìn</rt></ruby>。

动物小档案

家　　族	鱼纲
食　　物	鱼、乌贼等
主要特点	海洋里游动速度最快的动物

1

猎豹
liè bào

猎豹是陆地上奔跑速度最快的动物。它追赶猎物时身姿矫健，身体像"大弹簧"一样弹性十足，四条长腿有力地蹬着地面，不断向前蹿跃。不过，因为猎豹奔跑时体力消耗得特别快，所以它不能长时间高速奔跑，捕猎时也只能选择"速战速决"的方式。

动物小档案

家　　族	哺乳纲
食　　物	瞪羚、角马等
主要特点	陆地上奔跑速度最快的动物

我还知道

- 猎豹的体形比花豹小，所以身姿非常轻盈。它最显著的特征就是脸上的两道黑色条纹从眼角一直延伸到嘴角。

qí yú
旗 鱼

旗鱼是短距离游泳冠军，它也长着剑鱼一样的长嘴和强壮的尾鳍。不同的是，旗鱼背上有一面又宽又大、像船帆一样的背鳍。在海面上漫游时，它常将"船帆"撑开，乘风前进；在水下潜游时，它又会将"船帆"收起，摆动着强壮的尾鳍全力冲刺。

动物小档案

家　　族｜鱼纲
食　　物｜鱼、乌贼等
主要特点｜短距离游速最快的动物

我还知道

　　旗鱼的攻击性很强，它那利剑般的长嘴是骨质的，十分坚硬。遇到危险时，旗鱼就会高速猛冲，用长嘴攻击对方。

企鹅
qǐ é

大多数企鹅穿着黑白色的"保暖大衣"，生活在南极洲寒冷的海边。它们虽然不像其他海鸟那样可以在天空中翱翔，却有一身游泳和潜水的本领。一到水中，企鹅那双短而硬的翅膀就发挥起船桨的作用，划动得快而有力；而那双长蹼的双脚则可以用来控制方向，躲避障碍。

我还知道

企鹅爸爸或妈妈会亲自孵卵，幼鸟出生后还要给它们喂食。有时候，企鹅还会把群里的小企鹅们聚集在一起专门照顾。

动物小档案

家　　族	鸟纲
食　　物	南极磷虾、乌贼、小鱼等
主要特点	鸟类中的游泳高手

tuó　niǎo
鸵 鸟

tuó niǎo suī rán bù néng fēi　què shì niǎo lèi zhōng de bēn pǎo
鸵鸟虽然不能飞，却是鸟类中的奔跑

jiàn jiàng　tā de liǎng tiáo cháng tuǐ cū zhuàng yǒu lì　měi pǎo yī bù
健将。它的两条长腿粗壮有力，每跑一步

dōu kě yǐ mài chū hǎo jǐ mǐ　hái néng qīng sōng kuà yuè xiǎo guàn mù
都可以迈出好几米，还能轻松跨越小灌木

cóng děng zhàng ài wù　dāng tuó niǎo jí sù bēn pǎo shí　tā jiù huì
丛等障碍物。当鸵鸟急速奔跑时，它就会

bǎ chì bǎng zhāng kāi　zhè shì wèi le bǎo chí shēn tǐ píng héng　rú
把翅膀张开，这是为了保持身体平衡，如

guǒ yǒu shùn fēng　chì bǎng hái néng qǐ dào chuán fān de zuò yòng　shǐ
果有顺风，翅膀还能起到船帆的作用，使

bēn pǎo gèng kuài sù　gèng shěng lì
奔跑更快速、更省力。

我还知道

鸵鸟是所有陆地动物中眼球最大的动物，它的大眼睛上还长着浓密的长睫毛，能抵挡草原和沙漠上的风沙。

动物小档案

家　　族	鸟纲
食　　物	植物的茎叶和果实、昆虫等
主要特点	鸟类中的奔跑健将

雨燕

雨燕家族成员众多，绝大多数都长着一对宽大的镰刀形翅膀，可以在空中振翅高飞，也能靠滑翔节省大量的体力。它们喜欢在空中快速穿行，张着大嘴捕捉飞虫。有时候，雨燕还会故意炫耀自己的飞行技能，借着强风从高空快速掠过地面，像一道黑影，一闪就不见了。

我还知道

　　雨燕基本生活在空中，就算休息也会选择树枝，而不是地面。因为它的腿脚非常细小，一旦落到地面上就很难再重新起飞了。

动物小档案

家　　族	鸟纲
食　　物	小飞虫
主要特点	飞翔速度最快的鸟类

信天翁

xìn tiān wēng

几乎所有的信天翁都是海边的滑翔高手。它们的身子比较笨重，要想飞起来

就要借助强劲的海风。有时它会逆着海风奔跑一阵子再起飞，或者直接在悬崖边

上起飞。一旦飞起来，信天翁就能在海风中不断滑翔，风越大它飞得越安稳，有时

甚至能连续滑翔好几个小时呢！

我还知道

信天翁终年在海上翱翔，饿了就到海面上去捕食，累了就漂浮在海面上休息。只有在繁殖季节，它们才会到海岛上去。

动物小档案

家　　族	鸟纲
食　　物	鱼、软体动物
主要特点	最善于滑翔的鸟类之一

军舰鸟

军舰鸟家族中的成员都是鸟类中的"飞行专家"。它们长着又长又尖的翅膀，极善飞翔。军舰鸟常常凭着自己的飞行本领，明目张胆地抢夺其他海鸟嘴里的鱼。海鸟们看见它气势汹汹地冲来，会吓得扔下鱼就跑。这时它就迅疾地俯冲而下，接住正在掉落的鱼吞吃下去，因此，它们又被称为"海边的强盗"。

我还知道

军舰鸟的脖子上挂着一个用来储存食物的"大口袋"。在繁殖时期，雄性军舰鸟就会将这个大口袋鼓起来，以吸引雌鸟的注意。

动物小档案

家　　族｜鸟纲
食　　物｜鱼、软体动物和水母
主要特点｜飞行本领十分高超

15

yóu   sǔn

游 隼

yóu sǔn zhǎng zhe yī shuāng ruì lì de yǎn jing hé jiān gōu shì
游隼长着一双锐利的眼睛和尖钩似

de zuǐ kàn qǐ lái shí fēn xiōng měng tā jì shì niǎo lèi zhōng yǒu míng
的嘴，看起来十分凶猛。它既是鸟类中有名

de kōng zhōng liè shǒu   yě shì fǔ chōng zuì kuài de niǎo yóu sǔn cháng
的"空中猎手"，也是俯冲最快的鸟。游隼常

zài kōng zhōng fēi xiáng xún shì   yī dàn fā xiàn liè wù jiù huì kuài sù fēi
在空中飞翔巡视，一旦发现猎物就会快速飞

shēng zhàn jù zhì gāo diǎn   rán hòu jiāng shuāng chì wēi wēi shōu lǒng   miáo zhǔn
升，占据制高点，然后将双翅微微收拢，瞄准

mù biāo hòu yòu fēi kuài de fǔ chōng ér xià   děng jiē jìn liè wù shí biàn
目标后又飞快地俯冲而下，等接近猎物时便

shēn chū lì zhuǎ tòng xià shā shǒu
伸出利爪"痛下杀手"。

我还知道

游隼的鼻孔中间长了一个突出的"小圆锥"，在高速飞行时可以起到减缓气流的作用，使它依然能够正常呼吸。

动物小档案

家 族	鸟纲
食 物	小鸟、小型哺乳动物
主要特点	俯冲最快的鸟类

bái tóu hǎi diāo
白头海雕

bái tóu hǎi diāo shì běi měi zhōu tè yǒu de yī zhǒng dà xíng niǎo lèi   tǐ gé wēi wǔ   mù guāng ruì lì
白头海雕是北美洲特有的一种大型鸟类。体格威武，目光锐利。

tā bù dàn shì fēi xíng gāo shǒu   hái shì chū sè de liè shǒu   bǔ liè shí   bái tóu hǎi diāo yī biān zài kōng zhōng
它不但是飞行高手，还是出色的猎手。捕猎时，白头海雕一边在空中

pán xuán   yī biān yòng ruì lì de mù guāng sǎo shì shì yě zhōng de yī qiè liè wù   yī dàn fā xiàn mù biāo
盘旋，一边用锐利的目光扫视视野中的一切猎物。一旦发现目标，

tā jiù jí sù fǔ chōng xià lái   shēn chū lì zhuǎ jǐn jǐn zhuā zhù liè wù fēi shàng gāo kōng
它就急速俯冲下来，伸出利爪紧紧抓住猎物飞上高空。

动物小档案

家　　族	鸟纲
食　　物	鱼类
主要特点	拥有高超的捕猎技巧

我还知道

白头海雕的眉骨是突起的，这不仅让它看起来很凶猛，而且还能在烈日下遮护雕眼，使其在刺眼的阳光下也能看清远处的东西。

蜂　鸟

蜂鸟是世界上最小的鸟,有的还没有一只蜻蜓大。蜂鸟的身体非常轻盈,拍动翅膀的速度特别快,可谓是一位不折不扣的飞行高手。它飞行时不仅能悬停在花朵前,还能像直升机一样直上直下地飞。人们根本看不清它的身影,只能听到它扇动翅膀发出的"嗡嗡"声。

我还知道

蜂鸟的食物主要是花蜜，它那薄而长的鸟喙很适合用来汲取花蜜。因为新陈代谢速度太快，蜂鸟每天要吃大量的食物来补充体能。

动物小档案

家　　族｜鸟纲
食　　物｜花蜜、昆虫
主要特点｜能在花丛中徘徊"停飞"

图书在版编目（CIP）数据

有趣的动物王国. 第二辑 / 张功学主编. —西安:
未来出版社，2018.8
　ISBN 978-7-5417-6649-7

　Ⅰ. ①有… Ⅱ. ①张… Ⅲ. ①动物—儿童读物 Ⅳ.
①Q95-49

中国版本图书馆 CIP 数据核字（2018）第 157930 号

有趣的动物王国（第二辑）
YOUQU DE DONGWU WANGGUO

比比看谁更快
BIBI KAN SHEI GENG KUAI

主　　编　张功学
丛书统筹　魏广振
责任编辑　陈丹盈
美术编辑　许　歌
出版发行　陕西新华出版传媒集团　未来出版社
地　　址　西安市丰庆路 91 号　邮编：710082
电　　话　029-84288458
开　　本　787mm×1092mm　1/12
印　　张　20
字　　数　100 千
印　　刷　陕西安康天宝实业有限公司
版　　次　2019 年 1 月第 1 版
印　　次　2019 年 1 月第 1 次印刷
书　　号　ISBN 978-7-5417-6649-7
定　　价　118.00 元（全十册）

有趣的动物王国
了不起的旅行家

张功学◎主编

陕西新华出版传媒集团
未 来 出 版 社

目录

帝王蝶
dì wáng dié

帝王蝶，有着黑色和橙色相间的美丽翅膀，因此学名叫"黑脉金斑蝶"。每年冬季，成群的帝王蝶就会挥舞着美丽的翅膀，从北美洲出发，经历漫长的旅程，来到南方的墨西哥森林过冬。等到来年春回大地，它们又会忙碌地繁育后代，以便让它们的子孙可以顺利地返回北方。

动物小档案

家　　族：昆虫纲
食　　物：腐烂果实的汁液
主要特点：会长途迁徙的蝴蝶

1

大马哈鱼

dà mǎ hǎ yú

大马哈鱼是鱼类中的"旅行家"。它们原本出生在河里，出生后就会游到大海里去成长。等到长大后，到了繁殖期，成群的大马哈鱼又会离开海洋，进入江河，千里迢迢地回到它们的出生地繁育后代。虽然它们的"回乡之旅"既漫长又充满了艰辛，但它们还是义无反顾。

我还知道

大马哈鱼生活在海洋中时，身体是银白色的。等到了繁殖季节它们开始洄游时，身上的颜色就会慢慢变得鲜艳起来。

动物小档案

家　　族	鱼纲
食　　物	小型鱼类、水生昆虫等
主要特点	洄游路程最长的鱼

绿海龟

绿海龟身材庞大，远远看去酷似一块黑色的"大圆石"，所以也被称为"黑龟"或"石龟"。它常年在大海中遨游，可是一到繁殖季节，不管当时身在何处，它都会回到自己出生的地方去繁育后代。海龟的卵产在岸上，小海龟孵化后，会爬回大海里生活，直到长大。

我还知道

　　绿海龟的四条腿长得又宽又扁，就像船桨一样可以在水中灵活地划动。它将海水往身后用力地一拨，身体就被推向前了。

动物小档案

家　　族 | 爬行纲
食　　物 | 海藻、海洋里的小动物
主要特点 | 在海岸上产卵

大象
dà xiàng

dà xiàng shì lù dì dòng wù zhōng de páng rán dà wù suǒ yǐ xū yào chī hěn duō shí wù tā cháng
大象是陆地动物中的"庞然大物",所以需要吃很多食物。它常

cháng wèi le xún zhǎo shí wù ér chéng qún qiān xǐ qiān xǐ shí chéng nián xióng xiàng zài qián miàn lǐng lù yòu nián
常为了寻找食物而成群迁徙。迁徙时,成年雄象在前面领路,幼年

tǐ ruò de dà xiàng zǒu zài zhōng jiān ér chéng nián cí xiàng zé jǐn gēn qí hòu yī kè bù lí de bǎo hù zhe
体弱的大象走在中间,而成年雌象则紧跟其后,一刻不离地保护着

xiǎo xiàng rú guǒ qiān xǐ de tú zhōng yù dào hé liú tā men hái huì tiào jìn hé lǐ yóu huì er yǒng ne
小象。如果迁徙的途中遇到河流,它们还会跳进河里游会儿泳呢!

我还知道

大象的长鼻子很有用，不仅可以用来卷取食物和采摘果实，还能拔起地上的小树、驱赶蚊蝇，以及吸水喷进嘴里或洒在背上等。

动物小档案

家　　　族｜哺乳纲
食　　　物｜植物果实、枝叶等
主要特点｜以家族为单位行动

bān mǎ
斑 马

斑马浑身遍布黑白相间的美丽条纹，昂首踏步的样子十分优雅。

它们喜欢成群生活，而且每到干旱的夏季，为了寻找茂盛的绿地和

草原，斑马家族就会进行一次长途迁徙。它们经常和角马一起迁

徙，这样当食肉动物发起进攻时，斑马被捕食的可

能性就会大大减小。

ZOOM LENS 70-300 mm Φ 77 mm

我还知道

斑马身上的黑白条纹是一种保护色。在阳光的照射下，这种条纹会自动发挥模糊敌人视线的作用，从而使敌人对它"视而不见"。

动物小档案

家　　族	哺乳纲
食　　物	草、树枝、树叶等
主要特点	跟着其他动物一起行动

luò tuo
骆 驼

骆驼特别能忍饥耐渴，而且不怕风沙，是沙漠里重要的交通工具，被称为"沙漠之舟"。它背上的驼峰里储存着满满的脂肪，即使好多天不吃不喝，也能行走自如。而一旦找到水草丰美的绿洲，骆驼就会敞开肚皮大吃一顿，把多余的养分储存在驼峰里。

我还知道

骆驼的眼睑和鼻孔都有着特殊的生理结构，在沙尘暴中，骆驼用它长长的眼睫毛保护眼睛，同时也会闭上鼻孔，把沙尘拒之鼻外。

动物小档案

家　族	哺乳纲
食　物	树叶、草
主要特点	能在沙漠里长时间行走

cháng jǐng lù
长颈鹿

cháng jǐng lù shì lù dì shang zuì gāo de dòng wù
长颈鹿是陆地上最高的动物，

zhí qǐ shēn lái chà bu duō yǒu liǎng céng lóu nà me gāo
直起身来差不多有两层楼那么高。

tā de bó zi gèng shì cháng de xià rén zhàn zài dà shù
它的脖子更是长得吓人，站在大树

páng biān bù yòng zěn me fèi lì jiù néng chī dào zuì gāo chù
旁边，不用怎么费力就能吃到最高处

de nèn yè hé nèn yá cháng jǐng lù shēng huó zài fēi zhōu
的嫩叶和嫩芽。长颈鹿生活在非洲

dà cǎo yuán shang měi dào hàn jì lái lín shí tā men jiù
大草原上，每到旱季来临时，它们就

huì hé bān mǎ líng yáng děng dòng wù yī qǐ qiān xǐ dào
会和斑马、羚羊等动物一起迁徙，到

yǔ shuǐ fēng pèi de dì fang qù xún zhǎo shí wù
雨水丰沛的地方去寻找食物。

我还知道

长颈鹿的舌头很长，是青黑色的，能轻巧地卷食树枝上的嫩叶。它的舌头上还有一层坚韧的角质，能防止被植物的棘刺刺伤。

动物小档案

家　　族	哺乳纲
食　　物	树叶
主要特点	为寻找食物长途迁徙

驯鹿

xùn lù tóu shang zhǎng le yī duì jù dà de shù zhī zhuàng
驯鹿头上长了一对巨大的树枝状

jǐ jiǎo fēi cháng wēi wǔ měi nián chūn tiān xùn lù jiā zú
犄角，非常威武。每年春天，驯鹿家族

jiù huì lí kāi yuán běn shēng huó de sēn lín hé cǎo yuán hào hào
就会离开原本生活的森林和草原，浩浩

dàng dàng de xiàng běi jìn fā tā men zài qiān xǐ shí tuō diào
荡荡地向北进发。它们在迁徙时脱掉

shēn shang hòu hòu de dōng zhuāng huàn shàng báo báo de xià
身上厚厚的"冬装"，换上薄薄的"夏

yī zhè yàng yī lái kě yǐ jiǎn qīng shēn tǐ fù dān èr lái
衣"，这样一来可以减轻身体负担，二来

huàn xià de róng máo yě kě yǐ chéng wéi tiān rán de lù biāo
换下的绒毛也可以成为天然的"路标"。

动物小档案

家　　族	哺乳纲
食　　物	草、树叶等
主要特点	每年一次大迁徙

ZOOM LENS 70-300 mm
Φ 77 mm

我还知道

一般来说，雄性驯鹿头上的犄角长得更大，分叉也更多。这有利于它们抵抗外敌，或者在与其他雄性驯鹿争斗时占得上风。

角马

角马是一种生活在非洲草原上的大型羚牛。每年雨季结束时，角马家族就会浩浩荡荡地前往沿河地区寻找新鲜草料。这时，成千上万只角马汇集成群，阵势十分庞大。如果要横渡大河，角马就会在河边聚集，等到数量足够时才过河。

我还知道

角马的鼻子非常灵敏,能闻到远方水源的气息,找到新鲜的草。不仅如此,它们还能远远嗅到狮子、豹等天敌的气味。

ZOOM LENS 70-300 mm
Φ 77 mm

动物小档案

家　　　族	哺乳纲
食　　　物	草、树叶等
主要特点	它们的迁徙队伍阵势庞大

大雁
dà yàn

大雁是有名的"空中旅行家"。每年秋天,成群的大雁就从北方的西伯利亚,浩浩荡荡地飞往我国南方过冬。它们飞行时一会儿排成"人"字形队列,一会儿又排成"一"字形队列,这样飞在后面的大雁就可以利用前面大雁飞行时产生的气流,从而大大节省了体力。

动物小档案

家　　族	鸟纲
食　　物	野草、小鱼虾等
主要特点	会排成"人"字或"一"字飞行

我还知道

　　大雁是一种生活在水边的鸟儿，游泳技术非常好。在旅行的途中，它们经常会选择在湖边或池塘边休息，以便寻找食物。

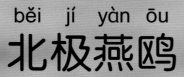

北极燕鸥

北极燕鸥头上戴了个"黑头盔"，翅膀又窄又长，很善于飞行。每年北极的冬季来临时，它们就会一路南飞，飞到南极洲来享受夏天。等南极的冬季来临时，它们又会飞回到北极。每年在两极之间往返，行程数万千米，使得它们成了迁徙路线最长的动物。

我还知道

北极燕鸥的尾巴呈叉形，翅膀又窄又长，在空中飞翔时具有比其他飞鸟大得多的浮力，所以能够飞得又快又省力。

动物小档案

家　　　族	鸟纲
食　　　物	鱼、其他海洋动物
主要特点	迁徙路线最长的动物

图书在版编目（CIP）数据

有趣的动物王国. 第二辑 / 张功学主编. —西安：
未来出版社，2018.8
ISBN 978-7-5417-6649-7

Ⅰ. ①有… Ⅱ. ①张… Ⅲ. ①动物—儿童读物 Ⅳ.
①Q95-49

中国版本图书馆 CIP 数据核字（2018）第 157930 号

有趣的动物王国（第二辑）
YOUQU DE DONGWU WANGGUO

了不起的旅行家
LIAOBUQI DE LVXINGJIA

主　　编	张功学	
丛书统筹	魏广振	
责任编辑	陈丹盈	
美术编辑	许　歌	
出版发行	陕西新华出版传媒集团　未来出版社	
地　　址	西安市丰庆路 91 号　邮编：710082	
电　　话	029-84288458	
开　　本	787mm×1092mm　1/12	
印　　张	20	
字　　数	100 千	
印　　刷	陕西安康天宝实业有限公司	
版　　次	2019 年 1 月第 1 版	
印　　次	2019 年 1 月第 1 次印刷	
书　　号	ISBN 978-7-5417-6649-7	
定　　价	118.00 元（全十册）	

有趣的动物王国

威风凛凛大甲虫

张功学◎主编

陕西新华出版传媒集团
未来出版社

目录

<ruby>步<rt>bù</rt></ruby> <ruby>甲<rt>jiǎ</rt></ruby>

步甲外表色泽幽暗，光洁的背部闪耀着金属色光泽。它的后翅已经退化，不善于飞行，但却是甲虫家族中的"爬行高手"。步甲总在地面活动，它长着几对细细的长腿，爬行时动作十分敏捷，受到惊吓时会迈开长腿，快速奔逃。

动物小档案

家　　族	步甲科
食　　物	蠕虫、小型软体动物等
主要特点	甲虫家族中的"爬行高手"

#
hǔ jiǎ
虎 甲

虎甲身穿五彩斑斓的"铠甲"，既能在阳光下迅速飞行，也能在地面上快速爬行。它是陆地上移动最快的昆虫，一秒钟能移动自己身长一百多倍的距离呢！不过，平时虎甲总是静静地待在路上，就算有人路过也毫不畏惧，有时还会挡住人们的路，所以也被称为"拦路虎"。

我还知道

虎甲头上长了一对发达的复眼，能够快速定位猎物的位置。有了这对"火眼金睛"，虎甲捕起猎来就更加得心应手了。

动物小档案

家　　族｜虎甲科
食　　物｜昆虫幼虫、小型昆虫
主要特点｜陆地上跑得最快的昆虫

葬甲

zàng jiǎ

葬甲穿着黑色的"外衣"，上面还装饰着几条橙色的斑纹。它喜欢吃动物的尸体，也会不停地挖掘尸体下面的土地，使得尸体自然而然地被埋葬在地下，所以又被称为"埋葬虫"。

我还知道

因为喜欢吃动物尸体，所以埋葬虫平时主要在地面上爬行，但有时它们也会挥动翅膀，一边飞行一边寻觅食物。

动物小档案

家　　　族	埋葬甲科
食　　　物	动物的尸体等
主要特点	喜欢吃动物的尸体

5

锹甲 <small>qiāo jiǎ</small>

锹甲身披一副黑色或褐色的"铠甲",看起来威风极了。雄性锹甲十分勇猛好斗,头上的"大钳子"就是战斗的武器。如果遇到入侵者,锹甲就会挥舞着"钳子"冲过去,夹住对手的肚子将它举起来,再重重地摔到地上。怪不得它被称为昆虫中的"黑武士"呢!

我还知道

雌性锹甲头上的"钳子"虽然没有雄性的大，但也十分有力。繁殖时期，它会用这对"小钳子"在朽木上刮出裂痕，再在里面产卵。

动物小档案

家　　族	锹甲科
食　　物	树木汁液、花蜜等
主要特点	雄性锹甲头上长了一把"大钳子"

蜣　螂

qiāng láng zhuān chī dòng wù fèn biàn   sú chēng shǐ ke láng
蜣螂专吃动物粪便,俗称屎壳郎。

tā cháng jiāng dà duī de niú fèn gǔn chéng yī gè gè xiǎo qiú   yuán
它常将大堆的牛粪滚成一个个小球(圆

xíng de fèn qiú tuī qǐ lái gèng shěng lì   zài āi gè er tuī
形的粪球推起来更省力),再挨个儿推

jìn shì xiān wā hǎo de dòng xué li cáng hǎo   màn màn xiǎng yòng
进事先挖好的洞穴里藏好,慢慢享用。

qiāng láng mā ma zài fèn qiú zhōng chǎn luǎn   zhè yàng xiǎo qiāng láng
蜣螂妈妈在粪球中产卵,这样小蜣螂

chū shēng hòu jiù yǒu xiàn chéng de shí wù chī le
出生后就有现成的食物吃了。

我还知道

蜣螂推粪球的动作十分有趣。它先用前脚撑着地，屁股高高撅起，再将后脚抵在粪球上，倒退着运送粪球。

动物小档案

家　　族	金龟子科
食　　物	动物粪便
主要特点	自然界的"清道夫"

独角仙

独角仙的学名叫双叉犀金龟，以雄性头、胸部有巨大的长角而著称。雄性独角仙身材庞大威武，加上头顶一根坚硬的大角，十分威风。

它是昆虫中的"斗士"，一旦遇到前来争夺食物和异性的同类，它就会毫不犹豫冲上前去，用头上的大角来示威和战斗。

我还知道

独角仙生活在树林里，幼虫会在土壤或木屑堆里生活，一般不会出来；成虫则会在黄昏时分爬到树干上，取食树木的汁液。

动物小档案

家　　族	金龟子科
食　　物	树木汁液、果实等
主要特点	雄性独角仙头顶有长角

丽金龟

丽金龟身穿圆圆的"铠甲"，在阳光下闪烁着铜绿、墨绿等金属光泽，十分抢眼。它白天潜伏在土里休息，到了黄昏就跑出来寻找食物。午夜的时候，这些小家伙又会陆陆续续地回到土穴里。这样不仅可以抵御夜晚的寒冷，还能躲避天敌的追击，真是一举两得。

我还知道

丽金龟的头上长了一对细小的触角，触角的顶端还生着小小的分叉，就像一个微小的信息接收器，能够接收到来自外界的信息。

动物小档案

家　　族｜金龟子科
食　　物｜植物的叶、花、果实、根茎等
主要特点｜翅膀发出金属色的光泽

yuán jīng
芫菁

芫菁长着小小的脑袋和圆筒形的身子，薄薄的翅膀紧贴在背上，好像一位穿着燕尾服的绅士。每当遇到危险，它就会从腿关节处喷出一股有毒的黄色液体，敌害吃下去会中毒。这种毒液沾到人的皮肤上也会引起红肿和水泡。

我还知道

　　芫菁会把卵产在蜂巢附近，幼虫孵化后，就以蜂卵和蜂巢里的蜂蜜为食，变为成虫后才从蜂巢里出来，开始爬到植物上吃叶子和花。

动物小档案

家　　族｜芫菁科
食　　物｜植物的叶片和花朵
主要特点｜昆虫中的"用毒高手"

天牛

tiān niú

tiān niú lì dà rú niú yòu shàn yú
天牛力大如牛，又善于

zài kōngzhōng fēi xíng tā de míng zi jiù shì
在空中飞行，它的名字就是

yīn cǐ ér lái de tā tóu shang zhǎng le
因此而来的。它头上长了

yī duì hěn cháng de chù jiǎo yǒu de shèn zhì
一对很长的触角，有的甚至

bǐ zhěng gè shēn tǐ hái yào cháng yǒu qù
比整个身体还要长。有趣

de shì yī dàn bèi rén zhuā zhù tiān niú
的是，一旦被人抓住，天牛

jiù huì fā chū gā zhī gā zhī de shēng
就会发出"嘎吱嘎吱"的声

yīn bìng qiě shì tú zhèng tuō táo zǒu zhè
音，并且试图挣脱逃走。这

shēng yīn kù sì jù shù zhī shēng suǒ yǐ tiān
声音酷似锯树之声，所以天

niú yě bèi chēng wéi jù shù láng
牛也被称为"锯树郎"。

18

动物小档案

家　　　族｜天牛科
食　　　物｜各种树木
主要特点｜头上长着长长的触角

我还知道

天牛的幼虫以树木为食。它能在树干里生活一两年以上，用发达的上颚不停地啃食树干，一直啃到树木的中心。

ZOOM LENS 70-300 mm
Φ 77 mm

我还知道

遇到危险时，象鼻虫就会立刻躺倒，将六条腿紧紧地收拢在肚子下面，一动不动，试图将自己伪装成土块来逃过敌人的追击。

xiàng bí chóng
象鼻虫

象鼻虫个头小小的，却有一根占了身体一半的"长鼻子"，很容易让人联想到大象的长鼻子，所以得名"象鼻虫"。

但其实这并不是它的鼻子，而是它用来吃饭的"嘴巴"。象鼻虫的嘴巴很有力，象鼻虫妈妈还会用它在植物的内部钻一条隧道，然后将卵产在里面呢！

动物小档案

家　　族｜象甲科
食　　物｜棉花嫩芽和棉桃
主要特点｜长了一个"长鼻子"

图书在版编目（CIP）数据

有趣的动物王国. 第二辑 / 张功学主编. —西安：
未来出版社，2018.8
ISBN 978-7-5417-6649-7

Ⅰ. ①有… Ⅱ. ①张… Ⅲ. ①动物—儿童读物 Ⅳ.
①Q95-49

中国版本图书馆 CIP 数据核字（2018）第 157930 号

有趣的动物王国（第二辑）
YOUQU DE DONGWU WANGGUO

威风凛凛大甲虫
WEIFENGLINLIN DAJIACHONG

主　　编　张功学
丛书统筹　魏广振
责任编辑　陈丹盈
美术编辑　许　歌
出版发行　陕西新华出版传媒集团　未来出版社
地　　址　西安市丰庆路 91 号　邮编：710082
电　　话　029-84288458
开　　本　787mm×1092mm　1/12
印　　张　20
字　　数　100 千
印　　刷　陕西安康天宝实业有限公司
版　　次　2019 年 1 月第 1 版
印　　次　2019 年 1 月第 1 次印刷
书　　号　ISBN 978-7-5417-6649-7
定　　价　118.00 元（全十册）

有趣的动物王国

这些动物真凶猛

张功学 ◎ 主编

陕西新华出版传媒集团

未 来 出 版 社

老虎
lǎo hǔ

老虎是最大的猫科动物，而且有尖牙、利爪等可怕的武器，集速度、力量、敏捷于一身，被称为"百兽之王"。老虎堪称动物中最完美的捕食者，它没有天敌，也不喜欢群居，总是独自在自己的地盘游荡。一旦发现猎物，老虎就俯下身子慢慢接近，等靠近后再突然袭击。

动物小档案

家　　族｜哺乳纲
食　　物｜各种森林动物
主要特点｜森林中最大的猛兽

1

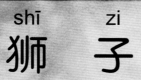

狮子

shī zi shì fēi zhōu dà cǎo yuán shang dāng rén bù ràng de bà zhǔ yǒu cǎo
狮子是非洲大草原上当仁不让的霸主，有"草

yuán zhī wáng de chēng hào tā men xǐ huan chéng qún shēng huó cí shī fù zé dǎ
原之王"的称号。它们喜欢成群生活，雌狮负责打

liè xióng shī jiān fù zhe bǎo hù lǐng dì ān quán de zhòng rèn cí shī tōng cháng hé
猎，雄狮肩负着保护领地安全的重任。雌狮通常合

zuò bǔ liè tā men huì cóng sì zhōu qiāo qiāo bāo wéi liè wù bìng zhú bù suō xiǎo bāo
作捕猎，它们会从四周悄悄包围猎物，并逐步缩小包

wéi quān xún zhǎo shí jī měng pū guò qù yì kǒu yǎo zhù liè wù de bó zi
围圈，寻找时机猛扑过去，一口咬住猎物的脖子。

我还知道

雄狮体格健壮，脖子上长着长长的鬃毛，看上去威风凛凛；雌狮的体形却要比雄狮小得多，脖子上没有鬃毛。

动物小档案

家　　族｜哺乳纲
食　　物｜各种草原动物
主要特点｜非洲草原的霸主

3

bān liè gǒu
斑鬣狗

bān liè gǒu bù shì yī zhǒng gǒu ér shì yī zhǒng xiōng měng de shí ròu
斑鬣狗不是一种狗,而是一种 凶 猛 的食肉

dòng wù   zài fēi zhōu dà cǎo yuánshang chú shī zi yǐ wài   jiù shǔ bān liè
动 物。在非洲大草原上,除狮子以外,就数斑鬣

gǒu zuì xiōngměng le   tā menzǒng shì chéng qún shēng huó zài yī qǐ   yù dào
狗最凶猛了。它们总是成群生活在一起,遇到

liè wù jiù yī yōng ér shàng hěn kuài jiù néng jiāng liè wù chī de gān gān jìng
猎物就一拥而上,很快就能 将猎物吃得干干净

jìng   yǒu shí hou zhàng zhe rén duō shì zhòng bān liè gǒu hái huì qù qiǎng
净。有时候仗着"人多势众",斑鬣狗还会去抢

duó shī zi hé bào de shí wù   ér qiě zǒngnéng dé shǒu
夺狮子和豹的食物,而且总能得手。

4

我还知道

有时候，斑鬣狗还会去捡食狮子和豹子吃剩的骨头。它的牙齿非常发达，能够将猎物连肉带骨头一块儿咬碎并吞下去。

动物小档案

家　　族｜哺乳纲
食　　物｜大中型草食动物
主要特点｜凶残的草原杀手

棕熊

zōng xióng

<ruby>棕<rt>zōng</rt></ruby><ruby>熊<rt>xióng</rt></ruby> 长得又高又 壮，看起来挺笨
重，平时走路也慢吞吞的。可一旦追赶
起猎物来，它就能跑得飞快。大部分时
候棕熊还是挺温和的，但为了保护领地
和食物，它也会不惜和狼群、狮子战斗。
它的前臂十分有力，
还长着大大的爪子，
要是被熊掌拍一下，那
可不是闹着玩的！

我还知道

棕熊可是游泳高手，它很喜欢到河里抓鱼吃。它的抓鱼技术非常高超，视力也很好，爪子一捞就能抓到鱼。

动物小档案

家　　族	哺乳纲
食　　物	鹿、野牛、鱼、植物果实等
主要特点	体形粗壮肥大

北极熊

běi jí xióng

běi jí xióng shì běi jí dì qū zuì dà zuì xiōng měng de shí ròu dòng wù tā men zhǔ yào shēng huó zài běi bīng yáng de fú bīng
北极熊是北极地区最大、最凶猛的食肉动物，它们主要生活在北冰洋的浮冰

shang píng shí zǒng shì pā zài bīng miàn děng dài liè wù tā men zuì ài chī de shí wù shì hǎi bào zhǐ yào hǎi bào lòu chū shuǐ miàn hū
上，平时总是趴在冰面等待猎物。它们最爱吃的食物是海豹，只要海豹露出水面呼

xī běi jí xióng jiù huì shēn chū lì zhuǎ bǎ hǎi bào tuō chū lái yǒu shí hou tā men yě huì qián dào bīng xià děng hǎi bào shàng àn
吸，北极熊就会伸出利爪，把海豹拖出来。有时候，它们也会潜到冰下，等海豹上岸

le zài tòng xià shā shǒu
了再"痛下杀手"。

8

我还知道

北极熊全身披着厚厚的白毛，有很好的保温隔热作用，所以不怕冷。这些毛其实是无色的，在阳光下才显出白色来。

动物小档案

家　　族	哺乳纲
食　　物	海豹、海象、鱼类等
主要特点	北极地区最大的食肉动物

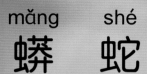

măng shé
蟒 蛇

măng shé bìng méi yǒu dú   què yǐ jù dà de
蟒蛇并没有毒，却以巨大的

tǐ xíng hé kě pà de bǔ shí fāng shì ér wén míng
体形和可怕的捕食方式而闻名。

píng shí   măng shé huì duǒ zài yīn àn de cóng lín li
平时，蟒蛇会躲在阴暗的丛林里，

yī dàn liè wù kào jìn jiù xùn sù tū jī   yī kǒu
一旦猎物靠近就迅速突击，一口

yǎo zhù liè wù   zài yòng zì jǐ cū dà de shēn qū
咬住猎物，再用自己粗大的身躯

yī quān yī quānchán jǐn   zhí dào liè wù zhì xī ér
一圈一圈缠紧，直到猎物窒息而

sǐ   bù guǎnshén me yàng de liè wù   măng shé dōu
死。不管什么样的猎物，蟒蛇都

huì bǎ tā yī kǒu tūn xià qù   rán hòu tǎng zài nà
会把它一口吞下去，然后躺在那

er màn màn xiāo huà
儿慢慢消化。

动物小档案

家　　族	爬行纲
食　　物	小型哺乳动物、鸟类等
主要特点	没有毒性的大蛇

我还知道

网纹蟒背上长着很多黑褐色和浅灰色的网状斑纹，是世界上最长、缠绕力最强的蛇。它的胃口极大，有时甚至能一次吞下一只野猪。

ZOOM LENS 70-300 mm ⌀ 77 mm

è yú
鳄 鱼

鳄鱼长着一张血盆大口,还有满口尖利的牙齿和一身坚硬的盔甲,看起来非常凶猛。它总是潜伏在水中一动不动,只露出鼻孔和两只眼睛观察着周围的一切。一旦发现猎物,鳄鱼就会悄无声息地潜游过去,迅猛张开大口将猎物死死咬住,再拖进水中吃掉。

我还知道

鳄鱼其实不是鱼,而是爬行动物。它的四肢又短又粗,但却十分灵活,可以爬上陆地,在岸边悠闲地晒太阳。

动物小档案

家　　族	爬行纲
食　　物	鱼类、中小型哺乳动物、水鸟等
主要特点	水边的"冷血杀手"

13

大白鲨
dà bái shā

鲨鱼是海洋中最可怕的
shā yú shì hǎi yáng zhōng zuì kě pà de

"杀手"，大白鲨则是鲨鱼中最大、最
shā shǒu　dà bái shā zé shì shā yú zhōng zuì dà　zuì

凶猛的成员。它的嗅觉和触觉都
xiōng měng de chéng yuán　tā de xiù jué hé chù jué dōu

十分灵敏，能闻到几千米之外的血
shí fēn líng mǐn　néng wén dào jǐ qiān mǐ zhī wài de xuè

腥味并以极快的速度游过去。大白
xīng wèi bìng yǐ jí kuài de sù dù yóu guò qù　dà bái

鲨会采取突击的方式来捕猎，它埋伏
shā huì cǎi qǔ tū jī de fāng shì lái bǔ liè　tā mái fú

在水下，一旦发现猎物就快速游上
zài shuǐ xià　yī dàn fā xiàn liè wù jiù kuài sù yóu shàng

来，张开大嘴向猎物发起攻击。
lái　zhāng kāi dà zuǐ xiàng liè wù fā qǐ gōng jī

我还知道

在所有的鲨鱼之中，大白鲨是唯一一个可以把头部直立在水面上的鲨鱼。这就意味着它拥有在水面上寻找潜在猎物的天然优势。

动物小档案

家　　族	鱼纲
食　　物	各种海洋动物
主要特点	海洋中的"嗜血杀手"，又称"噬人鲨"

15

居氏鼬鲨
jū shì yòu shā

居氏鼬鲨是鲨鱼家族中个头仅次于大白鲨的成员，性情十分凶猛，所以被誉为"海中老虎"，俗称"虎鲨"。居氏鼬鲨绝对是海洋中的顶级猎手，它那锋利的大牙可以咬断十分坚硬的物体，而且在捕猎时，它会对猎物进行反复攻击，直到猎物死亡为止。

海洋中还有一种学名叫作"虎鲨"的小型鲨鱼，主要以贝、虾、蟹为生。可因为居氏鼬鲨的外号太有名了，人们反而不知道真正的虎鲨了。

动物小档案

家　　族｜鱼纲
食　　物｜各种海洋动物
主要特点｜凶猛的"海中老虎"

jīn　　diāo
金　雕

jīn diāo shì yī zhǒng xiōng hàn de měng qín　yǐ
金雕是一种凶悍的猛禽，以

gāo chāo de fēi xíng néng lì hé wēi fēng lǐn lǐn de wài
高超的飞行能力和威风凛凛的外

biǎo ér zhù míng　yě bèi chēng wéi　yīng zhōng zhī wáng　tā de liè wù yǒu hěn duō　bǔ liè shí huì yī biān zài gāo kōng pán xuán　yī
表而著名，也被称为"鹰中之王"。它的猎物有很多，捕猎时会一边在高空盘旋，一

biān fǔ shì dì miàn xún zhǎo liè wù　yǒu shí　tā shèn zhì néng zài cǎo yuán shang cháng shí jiān zhuī zhú láng qún　yī dàn què dìng mù biāo
边俯视地面寻找猎物。有时，它甚至能在草原上长时间追逐狼群，一旦确定目标

hòu jiù xùn sù cóng tiān ér jiàng yòng lì zhuǎ láo láo zhuā zhù liè wù
后就迅速从天而降，用利爪牢牢抓住猎物。

动物小档案

家　　族	鸟纲
食　　物	中小型哺乳动物、鸟类
主要特点	凶悍的"鹰中之王"

ZOOM LENS 70-300 mm

Φ 77 mm

我还知道

　　金雕的羽毛其实并不是金色的，而是粟褐色的。不过，在阳光照耀下，它头上和脖子上的羽毛会反射出金属的光泽。

māo tóu yīng
猫头鹰

māo tóu yīng yī bān zài yè jiān bǔ shí　tā de yǎn jīng zài yè wǎn kàn de bǐ bái tiān
猫头鹰一般在夜间捕食,它的眼睛在夜晚看得比白天

hái qīng chu　ér qiě tā de tīng lì fēi cháng mǐn ruì　néng zhēn cè dào liè wù de yī jǔ yī
还清楚,而且它的听力非常敏锐,能侦测到猎物的一举一

dòng　yī dàn fā xiàn lǎo shǔ　xī yì děng liè wù　tā jiù huì shǎn diàn bān lüè guò qù　shēn chū lì zhuǎ
动。一旦发现老鼠、蜥蜴等猎物,它就会闪电般掠过去,伸出利爪

zhuā qǐ liè wù líng kōng ér qù　zhè xiē kě lián de xiǎo jiā huo　hái méi gǎo qīng chu shì zěn me huí shì
抓起猎物凌空而去。这些可怜的小家伙,还没搞清楚是怎么回事

ne　jiù chéng le māo tóu yīng de wǎn cān
呢,就成了猫头鹰的晚餐。

我还知道

猫头鹰的眼珠不能在眼眶里左右转动，所以总是直勾勾地盯着前方。但它的脖子却很灵活，左右转动就能观察到周围的情况。

动物小档案

家　　族	鸟纲
食　　物	小动物、小鸟、昆虫等
主要特点	著名的食鼠益鸟

图书在版编目（CIP）数据

有趣的动物王国. 第二辑 / 张功学主编. —西安:
未来出版社，2018.8
　ISBN 978-7-5417-6649-7

　Ⅰ．①有… Ⅱ．①张… Ⅲ．①动物—儿童读物 Ⅳ．
①Q95-49

中国版本图书馆 CIP 数据核字（2018）第 157930 号

有趣的动物王国（第二辑）
YOUQU DE DONGWU WANGGUO

这些动物真凶猛
ZHEXIE DONGWU ZHEN XIONGMENG

主　　编　张功学
丛书统筹　魏广振
责任编辑　陈丹盈
美术编辑　许　歌
出版发行　陕西新华出版传媒集团　未来出版社
地　　址　西安市丰庆路 91 号　邮编：710082
电　　话　029-84288458
开　　本　787mm×1092mm　1/12
印　　张　20
字　　数　100 千
印　　刷　陕西安康天宝实业有限公司
版　　次　2019 年 1 月第 1 版
印　　次　2019 年 1 月第 1 次印刷
书　　号　ISBN 978-7-5417-6649-7
定　　价　118.00 元（全十册）

有趣的动物王国

它们长得好奇特

张功学◎主编

陕西新华出版传媒集团
未来出版社

锤头鲨
chuí tóu shā

chuí tóu shā de nǎo dai kù sì yī bǎ chuí zi de chuí tóu chuí tóu de liǎng biān hái gè zhǎng zhe yī zhī
锤头鲨的脑袋酷似一把锤子的"锤头","锤头"的两边还各长着一只

yǎn jing hé yī gè bí kǒng zhè qí guài de nǎo dai gěi chuí tóu shā dài lái le hěn duō hǎo chù tā shāo shāo niǔ
眼睛和一个鼻孔。这奇怪的脑袋给锤头鲨带来了很多好处——它稍稍扭

dòng nǎo dai jiù néng kàn dào shēn hòu de qíng kuàng tā lái huí yáo bǎi nǎo dai jiù néng guān chá dào sì zhōu fā shēng de
动脑袋,就能看到身后的情况;它来回摇摆脑袋,就能观察到四周发生的

yī qiè qíng kuàng zhè dà dà tí gāo le tā de bǔ liè néng lì
一切情况,这大大提高了它的捕猎能力。

动物小档案

家　　族 | 鱼纲
食　　物 | 鱼类、甲壳类、软体动物等
主要特点 | 长着铁锤状的头部

1

刺鲀

刺鲀浑身长满硬刺，所以被称为海中的"小刺猬"。平时，它将硬刺平贴在身上，看起来和其他鱼类没有什么不同。一旦遇到危险，它会立刻吞下大量的海水，将身体膨胀成原来的两三倍大。同时身上的硬刺根根竖起，形成一个大"刺球"，让敌害无法下口。

我还知道

如果敌人比较多，小刺鲀们就会聚在一起，纷纷竖起身上的刺，结成一个巨大的"刺球团"。这一招往往会将敌人吓得落荒而逃。

动物小档案

家　　族	鱼纲
食　　物	珊瑚、贝类、虾、蟹等
主要特点	能把身体膨胀成一个"刺球"

3

<ruby>犰<rt>qiú</rt></ruby> <ruby>狳<rt>yú</rt></ruby>

犰狳身穿一副坚硬的"铠甲",被人们称为"铠甲猪"。但它非常胆小,一旦遇到敌人,它就会立刻把身体蜷缩成一只"硬甲球",让敌人想咬它却无法下口。如果时间充裕,它还会迅速地用前爪在地上刨一个土坑,然后躲藏在里面,让敌人对它无可奈何。

动物小档案

家　　族｜哺乳纲
食　　物｜白蚁、蚂蚁、蛇、鸟蛋等
主要特点｜身穿一副坚硬的"铠甲"

4

我还知道

　　犰狳白天生活在洞里，到了晚上才出来寻找食物。它的前脚上长着锋利的爪子，很适合用来掘土和挖洞，打洞速度非常快。

ZOOM LENS 70-300 mm

Φ 77 mm

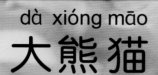

大熊猫
dà xióng māo

dà xióng māo zhǎng zhe pàng dū dū de shēn zi　　yuán yuán
大熊猫长着胖嘟嘟的身子，圆圆

de liǎn shang hái dǐng zhe liǎng gè　　hēi yǎn quān　　kàn qǐ lái fēi
的脸上还顶着两个"黑眼圈"，看起来非

cháng kě ài　　tā fēi cháng dǒng de　　xiǎng shòu　　měi tiān bù
常可爱。它非常懂得"享受"，每天不

shì bào zhe xiān nèn de zhú zi kěn　　jiù shì bǎi chū gè zhǒng kě
是抱着鲜嫩的竹子啃，就是摆出各种可

ài de zī shì hū hū dà shuì　　bié kàn dà xióng māo píng shí
爱的姿势呼呼大睡。别看大熊猫平时

zǒu lù màn tūn tūn de　　yī dàn yù dào wēi xiǎn　　tā
走路慢吞吞的，一旦遇到危险，它

jiù huì lì yòng fēng lì de zhuǎ zi hé yǒu lì de sì zhī
就会利用锋利的爪子和有力的四肢

kuài sù pá shàng gāo shù
快速爬上高树。

我还知道

　　大熊猫的身体虽然胖，却非常灵活。休息或玩耍时，它会做各种各样的动作，尤其喜欢把腿撑在树上，再用手掌抓住树干。

动物小档案

家　　族	哺乳纲
食　　物	竹子、竹笋、野草等
主要特点	顶着两个"黑眼圈"

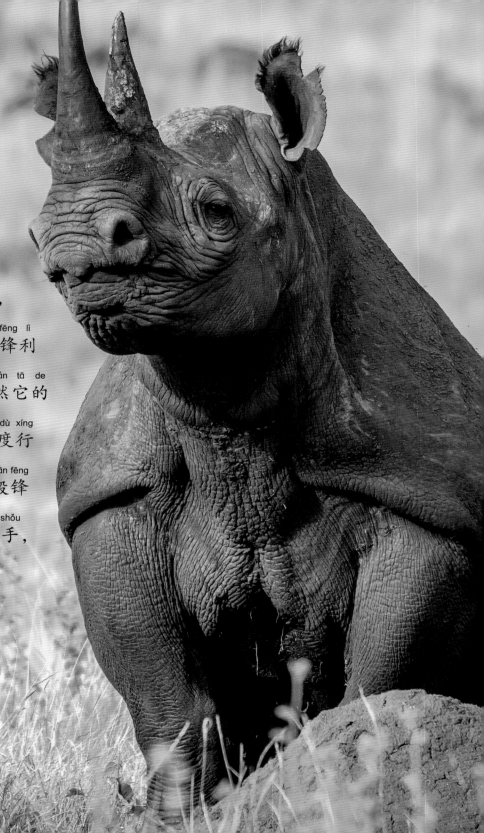

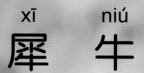

犀牛

犀牛长着庞大笨重的身子，短而粗壮的四肢，硕大的脑袋和锋利的尖角——看起来就不好惹。虽然它的腿又短又粗，却能以相当快的速度行走或奔跑。它头上的尖角如匕首般锋利，发起怒来，连狮子都不是它的对手，甚至大象都怕它三分呢！

我还知道

犀牛的皮肤上布满了褶皱，褶皱里的皮肤十分娇嫩，很容易引来蚊虫的叮咬。所以它们常在泥水中打滚抹泥，来赶走这些蚊虫。

动物小档案

家　　族	哺乳纲
食　　物	草、树叶、嫩枝、野果等
主要特点	头上有尖角

河马

hé mǎ zhǎng zhe yī gè shuò dà de nǎo dai hé yī zhāng jù dà de zuǐ xiǎn de yǒu xiē
河马长着一个硕大的脑袋和一张巨大的嘴，显得有些

bèn tóu bèn nǎo   tā cháng bǎ zhěng gè shēn zi mò rù shuǐ zhōng zhǐ bǎ ěr duo yǎn jing hé
笨头笨脑。它常把整个身子没入水中，只把耳朵、眼睛和

bí kǒng lù chū shuǐ miàn zhè yàng bù jǐn néng gòu zhèng cháng hū xī   hái néng jí shí fā xiàn zhōu
鼻孔露出水面，这样不仅能够正常呼吸，还能及时发现周

wéi de wēi xiǎn   hé mǎ yǒu hòu hòu de pí xià zhī fáng kě yǐ háo bù fèi lì de fú zài
围的危险。河马有厚厚的皮下脂肪，可以毫不费力地浮在

shuǐ miàn tóng shí   tā de qián shuǐ běn lǐng yě hěn qiáng
水面。同时，它的潜水本领也很强。

我还知道

河马长得吓人，其实性情很温和，绝对不会主动袭击其他动物。不过，它一旦被惹怒就非常吓人，连狮子都得让它三分。

动物小档案

家　　族	哺乳钢
食　　物	水草等水生植物
主要特点	长着硕大的脑袋和巨大的嘴

biān fú
蝙蝠

biān fú suī rán shì shòu lèi
蝙蝠虽然是兽类，

què néng xiàng niǎo er yī yàng zài
却能像鸟儿一样在

kōng zhōng fēi xiáng tā de chì
空中飞翔。它的翅

bǎng hé niǎo lèi bù yī yàng
膀和鸟类不一样，

shì yī céng yòu báo yòu ruǎn
是一层又薄又软

de pí mó chēng wéi yì
的皮膜，称为"翼

shǒu nà kuān dà de
手"。那宽大的

yì shǒu shang méi yǒu yǔ máo rú guǒ bái tiān chū lái huì bèi tài
翼手上没有羽毛，如果白天出来，会被太

yáng shài gān suǒ yǐ bái tiān shí biān fú zǒng shì duǒ zài qī hēi
阳晒干，所以白天时，蝙蝠总是躲在漆黑

de shān dòng huò jiàn zhù wù li shuì jiào dào le yè jiān cái chū lái
的山洞或建筑物里睡觉，到了夜间才出来

mì shí
觅食。

12

我还知道

蝙蝠的后腿十分短小，它落地时翼膜会搭在地上，阻碍飞行。所以蝙蝠总是倒挂着睡觉，一旦遇到危险，只要松开爪子就能轻松起飞。

动物小档案

家　　族	哺乳纲
食　　物	昆虫、植物果实等
主要特点	会飞的哺乳动物

tí hú
鹈 鹕

鹈鹕的嘴又大又长，嘴下还挂了一个"大口袋"，看起来十分引人注目。鹈鹕常常结成小群，一边在海面上空盘旋，一边瞅准时机下嘴捕鱼。它们捕鱼时很有"策略"，往往先排成一列或半圆形的阵型，将鱼儿赶到水浅的地方，再张开大嘴，将鱼和海水一起吞下。

我还知道

因为鹈鹕长着巨大的嘴，所以很难从水面起飞。每次起飞之前，它都要先在水面上快速地扇动翅膀，再用双脚在水中不断地划水。

动物小档案

家　　族	鸟纲
食　　物	鱼类
主要特点	嘴下挂了一个"大口袋"

鲸头鹳

鲸头鹳不仅身材高大，还长着一张宽大的嘴，嘴的形状酷似鲸鱼的头部，所以得名"鲸头鹳"。它常常站立在水中，一动不动地注视着水里的鱼儿。一旦有猎物游到它的脚下，它就会猛地扎进水中，迅速衔着猎物飞起来，再找个安静的地方美餐一顿。

动物小档案

家　　族｜鸟纲
食　　物｜鱼类、小鳄鱼、甲鱼等
主要特点｜嘴的形状酷似鲸鱼的头部

16

我还知道

鲸头鹳的嘴不仅尖锐，而且嘴的边缘也像刀子一样锋利，一旦夹住猎物就会像"老虎钳"夹住"零件"一样夹得死死的。

禿鹫
tū jiù

禿鹫长着光秃秃的脑袋和钩状的利嘴，看起来十分凶猛。它常常一边在草原上空盘旋，一边搜寻地面上的动物尸体。一旦发现目标，它就会悄无声息地飞落下去，慢慢地靠近，并发出"咕喔"的叫声来试探对方。若对方还是一动不动，禿鹫就会飞扑过去大吃一顿。

我还知道

禿鹫光秃秃的脖颈上长了一圈长长的羽毛，就像"餐巾"一样，能够在禿鹫进食时防止身上的羽毛被弄脏。

动物小档案

家　　族｜鸟纲
食　　物｜大型动物的尸体和其他腐烂动物
主要特点｜光秃秃的脑袋和脖颈

巨嘴鸟

巨嘴鸟不仅拥有色彩鲜艳的外表，还长了一张酷似"镰刀"的大嘴。那么，巨嘴鸟的这张美丽又奇特的大嘴会不会将它的脖子压垮呢？答案是不会的，因为巨嘴鸟的嘴虽然大，但是重量却非常轻。这张大嘴不但能够上下左右活动自如，还能用来吓唬天敌和梳理羽毛呢！

我还知道

　　不同种类的巨嘴鸟，身上的颜色也不相同。有的全身以黑色为主，搭配红色、黄色和白色；有的以绿色为主，配以黄色、红色等。

动物小档案

家　　族	鸟纲
食　　物	果实、种子、昆虫、鸟蛋等
主要特点	镰刀状的大嘴

图书在版编目（CIP）数据

有趣的动物王国. 第二辑 / 张功学主编. —西安:
未来出版社，2018.8
ISBN 978-7-5417-6649-7

Ⅰ. ①有… Ⅱ. ①张… Ⅲ. ①动物—儿童读物 Ⅳ.
①Q95-49

中国版本图书馆 CIP 数据核字（2018）第 157930 号

有趣的动物王国（第二辑）
YOUQU DE DONGWU WANGGUO

它们长得好奇特
TAMEN ZHANG DE HAO QITE

主　　编	张功学	
丛书统筹	魏广振	
责任编辑	陈丹盈	
美术编辑	许　歌	
出版发行	陕西新华出版传媒集团　　未来出版社	
地　　址	西安市丰庆路 91 号　邮编：710082	
电　　话	029-84288458	
开　　本	787mm×1092mm　　1/12	
印　　张	20	
字　　数	100 千	
印　　刷	陕西安康天宝实业有限公司	
版　　次	2019 年 1 月第 1 版	
印　　次	2019 年 1 月第 1 次印刷	
书　　号	ISBN 978-7-5417-6649-7	
定　　价	118.00 元（全十册）	

有趣的动物王国

小心！它们有毒

张功学◎主编

陕西新华出版传媒集团
未来出版社

目录

蝎子

<ruby>蝎<rt>xiē</rt></ruby> <ruby>子<rt>zi</rt></ruby>

蝎子的胸前长了一对有力的"大钳子"，长长的尾巴高高翘起，看起来神气十足。它们尾巴尖上长着一根毒针，能够喷出剧毒。捕猎时，它们先用两只"大钳子"夹住猎物，然后高高举起尾巴上的毒刺，猛地刺入猎物体内，喷出一股毒液，可怜的猎物就一命呜呼了。

动物小档案

家　　族｜蛛形纲
食　　物｜昆虫、蜘蛛等
主要特点｜向上卷曲的长尾巴

1

狼蛛

láng zhū zhǎng zhe bā zhī hēi liàng de yǎn jing hé bā zhī cū zhuàng de cháng jiǎo bèi shang bù mǎn hēi sè de róng máo kàn qǐ lái

狼蛛长着八只黑亮的眼睛和八只粗壮的长脚,背上布满黑色的绒毛,看起来

fēi cháng kǒng bù tā men jīng cháng zài dì miàn shang kuài sù pá xíng zhuī zhú liè wù suǒ yǐ bèi chēng wéi zhī zhū jiā zú de lěng miàn

非常恐怖。它们经常在地面上快速爬行追逐猎物,所以被称为蜘蛛家族的"冷面

shā shǒu tā men tóu shang de dú yá hán yǒu jù dú bù jǐn néng dú sǐ gè zhǒng kūn chóng hái néng dú sǐ má què děng xiǎo dòng wù

杀手"。它们头上的毒牙含有剧毒,不仅能毒死各种昆虫,还能毒死麻雀等小动物,

shèn zhì hěn duō dà xíng dòng wù dōu bù shì tā men de duì shǒu

甚至很多大型动物都不是它们的对手。

动物小档案

家　　　族｜蛛形纲
食　　　物｜各种昆虫
主要特点｜不用结网捕食的蜘蛛

我还知道

　　狼蛛头上的两只大眼和六只小眼就像灵敏的"探测器"，能够监测到周围猎物的一举一动，任何猎物都休想从它们眼皮底下逃出去。

鸡心螺

jī xīn luó

鸡心螺的形状酷似一颗鸡心。它们外壳的尖端上有一个小孔,里面藏着一支可怕的"毒箭"。一旦猎物游到它们的捕食范围内,小孔里的毒箭就会闪电般射入猎物体内,并迅速注入一股毒液,将猎物麻醉。然后鸡心螺就能收起"毒箭",放心大胆地享用美餐了。

我还知道

鸡心螺在捕猎时会把身体埋在沙子里，只将长鼻子露在外面。这样不但能够获取氧气，还可以监视猎物的动静。

动物小档案

家　　族｜腹足纲
食　　物｜鱼类
主要特点｜长得像一颗鸡心

蓝环 章鱼

蓝环 章鱼的个头儿很小，褐色的身体上 装 点着很多蓝色的"小圆圈"。遇到危险时，这些"小圆圈"就会发出耀眼的蓝光，向对方发出警告。如果对方无视警告，蓝环 章鱼就会毫不犹豫地冲过去，用尖锐的小嘴咬住对方，同时嘴里吐出一股剧毒，将对方毒死。

我还知道

蓝环章鱼还是一位高明的"伪装大师"。它可以改变身体的颜色，巧妙地融入周围环境中，以避免被天敌找到。

动物小档案

家　　族｜头足纲
食　　物｜鱼类、虾蟹类等
主要特点｜身上蓝色的"圆圈"会发光

蓑鲉

suō yóu yòu jiào　shī zǐ yú　　tā men
蓑鲉又叫"狮子鱼"，它们

shēn chuān yī jiàn bái　hè sè xiāng jiàn de　cǎi
身穿一件白、褐色相间的"彩

yī　　shàng miàn hái zhuāng shì zhe hěn duō tiáo xíng
衣"，上面还装饰着很多条形

de qí hé cháng cháng de cì　kàn qǐ lái yòu qí
的鳍和长长的刺，看起来又奇

tè yòu měi lì　　bù guò　měi lì de suō yóu zuǐ biān hé bèi
特又美丽。不过，美丽的蓑鲉嘴边和背

shang de cì tiáo shang dōu yǒu dú sù　yú er yī dàn bèi tā men
上的刺条上都有毒素，鱼儿一旦被它们

yǎo zhù huò cì shāng　jiù huì bèi dú yūn huò zhě dú sǐ　suǒ yǐ
咬住或刺伤，就会被毒晕或者毒死，所以

suō yóu yě bèi chēng wéi　hǎi yáng li de dú huáng hòu
蓑鲉也被称为"海洋里的毒皇后"。

我还知道

蓑鲉遇到敌人时，会尽量伸开它们那长长的鳍和刺，让自己看起来很大，同时会用鲜艳的颜色警告对方。

动物小档案

家　　族	鱼纲
食　　物	小型鱼类等
主要特点	身上长着长刺

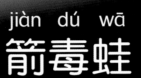

箭毒蛙

jiàn dú wā

箭毒蛙被誉为"世上最美的蛙",它们的个

头儿很小,五彩斑斓的外表之下却隐藏着极厉害

的毒液。绝大多数箭毒蛙都是有毒的,有意思的

是,它们的毒性主要来自于食物,比如毒蜘蛛。

箭毒蛙会把食物的毒性吸收,然后转化为自己

的毒液。

我还知道

黄金箭毒蛙是毒性最强的箭毒蛙之一，它们全身的皮肤下都藏有致命的毒素，能在几分钟内毒死数十个成年人。

动物小档案

家　　族｜两栖纲
食　　物｜蜘蛛、昆虫
主要特点｜体色艳丽且有剧毒

róng yuán

蝾螈

róng yuán zhǎng de hěn xiàng xī yì qí shí què shì yī zhǒng liǎng qī dòng wù hé qīng wā de guān xì gèng mì qiè yī xiē
蝾螈长得很像蜥蜴，其实却是一种两栖动物，和青蛙的关系更密切一些。

tā men lí bù kāi shuǐ suǒ yǐ zǒng shì shēng huó zài zhǎo zé hé chí táng biān hěn duō róng yuán dōu shì yǒu dú de
它们离不开水，所以总是生活在沼泽和池塘边。很多蝾螈都是有毒的，

tā men de tǐ sè wǎng wǎng hěn xiān yàn jiù shì yòng lái jǐng gào dí rén bù yào kào jìn ér yī dàn
它们的体色往往很鲜艳，就是用来警告敌人不要靠近。而一旦

shòu dào gōng jī róng yuán jiù huì fēn mì chū zhì mìng de dú sù lái bǎo hù zì jǐ
受到攻击，蝾螈就会分泌出致命的毒素来保护自己。

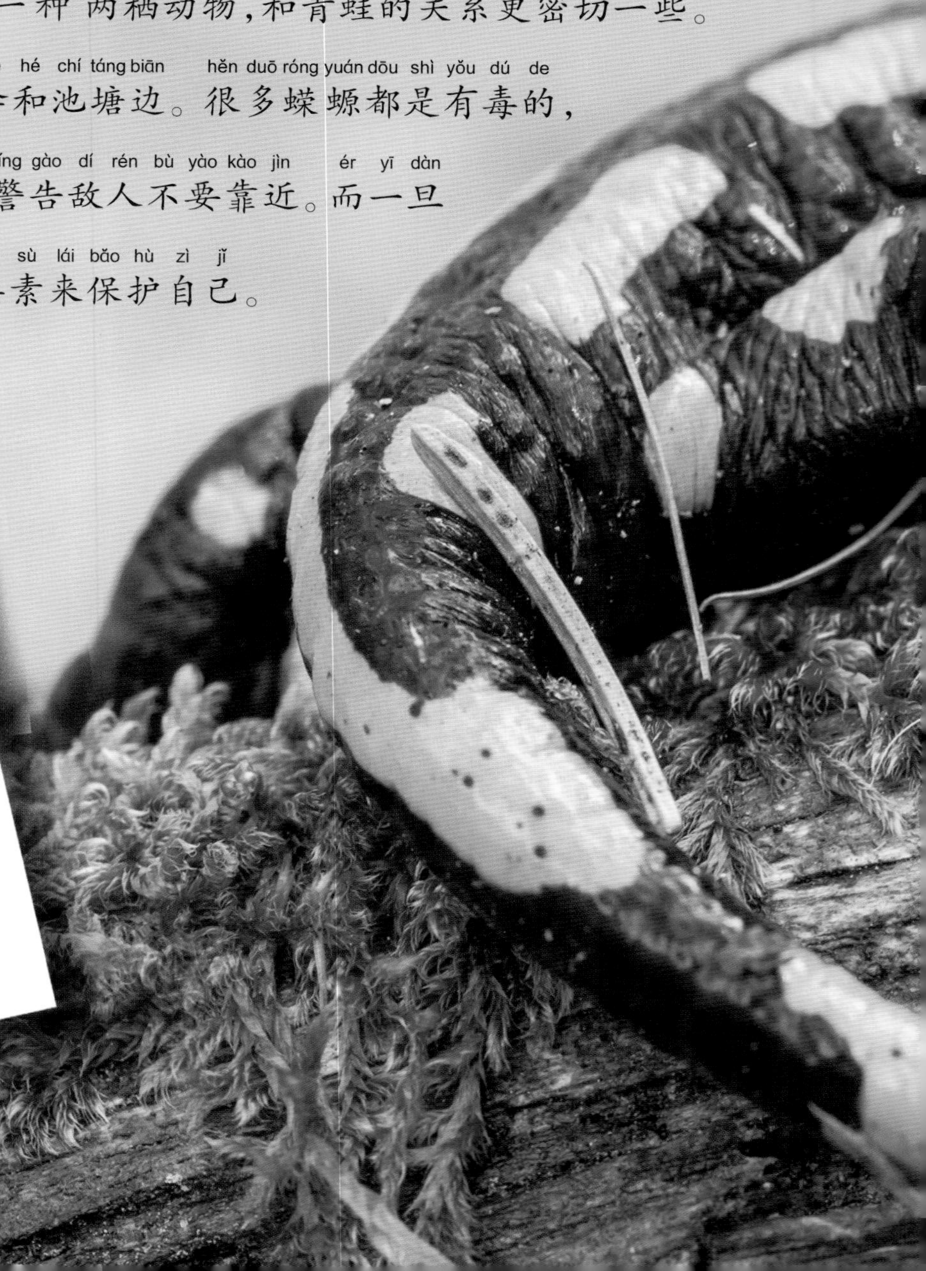

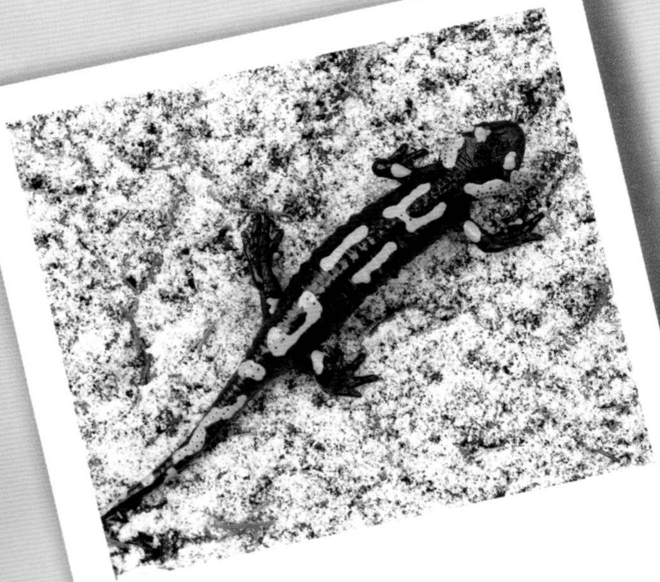

动物小档案

家　　族｜两栖纲
食　　物｜蝌蚪、小鱼
主要特点｜皮肤光滑有斑点的两栖动物

我还知道

蝾螈的身体表面十分光滑，不像蜥蜴那样长有鳞片。它们有蜕皮现象，蜕下的皮，有时自己吞食掉，有时被同伴吃掉。

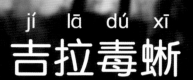

吉拉毒蜥

吉拉毒蜥是一种有毒的大蜥蜴，生活在人迹罕至的沙漠地区。

它们平时行动十分缓慢，可一旦遇到猎物就会发起闪电般的攻击。它们的毒牙又长又锋利，毒液虽然不会致死，却能让猎物陷入昏迷。而且它们一旦咬住猎物就死死不松口，给猎物造成巨大的伤害。

我还知道

吉拉毒蜥习惯独自生活，除了出来寻找食物之外，它们一生中的大部分时间都喜欢静静地躲在洞穴里。

动物小档案

家　　族｜爬行纲
食　　物｜幼鸟、鸟蛋
主要特点｜体形巨大的蜥蜴

响尾蛇

响尾蛇是一种很有意思的毒蛇，它们尾巴上长着一串中空的"串珠"，摇动时会发出"嘶嘶"的声音。这种声音不仅可以用来吓退敌人，还能吸引猎物。一旦猎物因为好奇而靠近，响尾蛇就会突然出击，用毒牙死死咬住对方并注入一股毒液，将猎物瞬间麻醉甚至毒死。

我还知道

响尾蛇尾部的"串珠"其实是每次蜕皮留下的一层层死皮,"串珠"越长,说明这只响尾蛇的年纪越大。

动物小档案

家　　族	爬行纲
食　　物	小鸟、鼠类、蜥蜴等小动物
主要特点	尾巴会发出响声

眼镜蛇
yǎn jìng shé

眼镜蛇可以说是毒蛇家族的明星了。它们发怒时头高高昂起，脖子撑开成船帆的样子，脖子后面的一对圆形眼状斑纹非常明显，所以得名"眼镜蛇"。眼镜蛇嘴里长了两颗毒牙，咬住猎物的同时就会喷射出一股毒液，这种毒液毒性很强，能很快将猎物置于死地。

我还知道

有些眼镜蛇在遇到危险时，就会把毒液猛地喷出来，喷到敌人身上。有时候，它们甚至能把毒液喷出两米多远。

动物小档案

家　　族｜爬行纲
食　　物｜蛙类、小鸟等小动物
主要特点｜脖子后面有圆形眼状斑

海蛇

蛇并不是只生活在陆地上，大海里也有。人们把大海里的蛇统称为"海蛇"。海蛇喜欢在浅海中游来游去，不过，你可别被它们游泳时的优美身姿欺骗了，所有的海蛇都是深藏剧毒的"海洋杀手"。它们是陆地上眼镜蛇的近亲，毒性非常强，能轻易将一条大鱼毒死。

我还知道

海蛇并不能一直生活在海里，隔一段时间，它们就要浮出水面来呼吸。正因为这样，海蛇不会潜入到很深的海水中去。

动物小档案

家　　族｜爬行纲
食　　物｜鱼卵、鱼类等
主要特点｜所有种类都有剧毒

图书在版编目（CIP）数据

有趣的动物王国. 第二辑 / 张功学主编. —西安：
未来出版社，2018.8
ISBN 978-7-5417-6649-7

Ⅰ. ①有… Ⅱ. ①张… Ⅲ. ①动物—儿童读物 Ⅳ.
①Q95-49

中国版本图书馆 CIP 数据核字（2018）第 157930 号

有趣的动物王国（第二辑）
YOUQU DE DONGWU WANGGUO

小心！它们有毒
XIAOXIN TAMEN YOU DU

主　　编	张功学	
丛书统筹	魏广振	
责任编辑	陈丹盈	
美术编辑	许　歌	
出版发行	陕西新华出版传媒集团　　未来出版社	
地　　址	西安市丰庆路 91 号　　邮编：710082	
电　　话	029-84288458	
开　　本	787mm×1092mm　　1/12	
印　　张	20	
字　　数	100 千	
印　　刷	陕西安康天宝实业有限公司	
版　　次	2019 年 1 月第 1 版	
印　　次	2019 年 1 月第 1 次印刷	
书　　号	ISBN 978-7-5417-6649-7	
定　　价	118.00 元（全十册）	

有趣的动物王国

海洋中的另类

张功学 ◎ 主编

陕西新华出版传媒集团

未来出版社

目录

hǎi mián
海 绵

海绵是一种奇特的动物，它们
不能自由游动，只能附着在海底的礁石
上，从身边的海水中获取
食物。它们的身上布
满了小孔，这些小孔
就相当于一张张
"小嘴巴"。当海水
流过小孔时，海水中的
氧气和营养物质就被海绵吸
收了。与此同时，海绵产
生的废物也会随着海水流走。

动物小档案

家　　族｜多孔动物门
食　　物｜浮游生物、藻类
主要特点｜再生能力很强

1

<ruby>砗<rt>chē</rt></ruby> <ruby>磲<rt>qú</rt></ruby>

<ruby>砗<rt>chē</rt></ruby><ruby>磲<rt>qú</rt></ruby><ruby>是<rt>shì</rt></ruby><ruby>一<rt>yī</rt></ruby><ruby>种<rt>zhǒng</rt></ruby><ruby>长<rt>zhǎng</rt></ruby><ruby>着<rt>zhe</rt></ruby><ruby>大<rt>dà</rt></ruby><ruby>大<rt>dà</rt></ruby><ruby>外<rt>wài</rt></ruby><ruby>壳<rt>ké</rt></ruby><ruby>的<rt>de</rt></ruby><ruby>贝<rt>bèi</rt></ruby><ruby>类<rt>lèi</rt></ruby>，<ruby>有<rt>yǒu</rt></ruby><ruby>些<rt>xiē</rt></ruby><ruby>甚<rt>shèn</rt></ruby><ruby>至<rt>zhì</rt></ruby><ruby>能<rt>néng</rt></ruby><ruby>长<rt>zhǎng</rt></ruby><ruby>到<rt>dào</rt></ruby><ruby>近<rt>jìn</rt></ruby><ruby>一<rt>yī</rt></ruby><ruby>米<rt>mǐ</rt></ruby><ruby>长<rt>cháng</rt></ruby>。<ruby>它<rt>tā</rt></ruby><ruby>们<rt>men</rt></ruby><ruby>的<rt>de</rt></ruby><ruby>外<rt>wài</rt></ruby><ruby>壳<rt>ké</rt></ruby><ruby>看<rt>kàn</rt></ruby><ruby>起<rt>qǐ</rt></ruby><ruby>来<rt>lái</rt></ruby><ruby>并<rt>bìng</rt></ruby><ruby>不<rt>bù</rt></ruby><ruby>漂<rt>piào</rt></ruby><ruby>亮<rt>liang</rt></ruby>，<ruby>但<rt>dàn</rt></ruby><ruby>当<rt>dāng</rt></ruby><ruby>它<rt>tā</rt></ruby><ruby>们<rt>men</rt></ruby><ruby>张<rt>zhāng</rt></ruby><ruby>开<rt>kāi</rt></ruby><ruby>贝<rt>bèi</rt></ruby><ruby>壳<rt>ké</rt></ruby><ruby>时<rt>shí</rt></ruby>，<ruby>就<rt>jiù</rt></ruby><ruby>会<rt>huì</rt></ruby><ruby>呈<rt>chéng</rt></ruby><ruby>现<rt>xiàn</rt></ruby><ruby>出<rt>chū</rt></ruby><ruby>鲜<rt>xiān</rt></ruby><ruby>艳<rt>yàn</rt></ruby><ruby>的<rt>de</rt></ruby><ruby>色<rt>sè</rt></ruby><ruby>彩<rt>cǎi</rt></ruby><ruby>来<rt>lái</rt></ruby>。<ruby>这<rt>zhè</rt></ruby><ruby>是<rt>shì</rt></ruby><ruby>因<rt>yīn</rt></ruby><ruby>为<rt>wèi</rt></ruby><ruby>砗<rt>chē</rt></ruby><ruby>磲<rt>qú</rt></ruby><ruby>的<rt>de</rt></ruby><ruby>外<rt>wài</rt></ruby><ruby>壳<rt>ké</rt></ruby><ruby>开<rt>kāi</rt></ruby><ruby>口<rt>kǒu</rt></ruby><ruby>处<rt>chù</rt></ruby><ruby>覆<rt>fù</rt></ruby><ruby>盖<rt>gài</rt></ruby><ruby>着<rt>zhe</rt></ruby><ruby>一<rt>yī</rt></ruby><ruby>层<rt>céng</rt></ruby><ruby>厚<rt>hòu</rt></ruby><ruby>厚<rt>hòu</rt></ruby><ruby>的<rt>de</rt></ruby><ruby>膜<rt>mó</rt></ruby>，<ruby>这<rt>zhè</rt></ruby><ruby>层<rt>céng</rt></ruby><ruby>膜<rt>mó</rt></ruby><ruby>非<rt>fēi</rt></ruby><ruby>常<rt>cháng</rt></ruby><ruby>漂<rt>piào</rt></ruby><ruby>亮<rt>liang</rt></ruby>，<ruby>有<rt>yǒu</rt></ruby><ruby>孔<rt>kǒng</rt></ruby><ruby>雀<rt>què</rt></ruby><ruby>蓝<rt>lán</rt></ruby>、<ruby>翠<rt>cuì</rt></ruby><ruby>绿<rt>lǜ</rt></ruby><ruby>等<rt>děng</rt></ruby><ruby>许<rt>xǔ</rt></ruby><ruby>多<rt>duō</rt></ruby><ruby>种<rt>zhǒng</rt></ruby><ruby>颜<rt>yán</rt></ruby><ruby>色<rt>sè</rt></ruby>，<ruby>上<rt>shàng</rt></ruby><ruby>面<rt>miàn</rt></ruby><ruby>还<rt>hái</rt></ruby><ruby>有<rt>yǒu</rt></ruby><ruby>各<rt>gè</rt></ruby><ruby>种<rt>zhǒng</rt></ruby><ruby>不<rt>bù</rt></ruby><ruby>同<rt>tóng</rt></ruby><ruby>的<rt>de</rt></ruby><ruby>花<rt>huā</rt></ruby><ruby>纹<rt>wén</rt></ruby><ruby>图<rt>tú</rt></ruby><ruby>案<rt>àn</rt></ruby><ruby>呢<rt>ne</rt></ruby>！

動物小档案

家　　　族	软体动物门
食　　　物	浮游生物、藻类
主要特点	外壳有深沟，外套膜色彩鲜艳

我还知道

砗磲那坚硬的贝壳表面并不平滑，而是排列着一条条又长又深的沟壑，好像被车轮碾压过一样，它们也因此而得名。

3

海蛞蝓

hǎi kuò yú

海蛞蝓是海洋里的一种软体动物，属于螺类，但是身上却没有壳。它们头上有一对触角，很像高高竖起的兔子耳朵，所以又被称为"海兔"。海蛞蝓有一个特殊的防身本领，就是吃什么颜色的海藻就能变成什么颜色。这样它就能很好地融入周围环境，从而避免危险。

我还知道

遇到危险时，海蛞蝓还会分泌出毒液来对付敌人。同时它背上美丽的颜色和花纹也是一种警告，告诉敌人：别过来，我有毒！

动物小档案

家 族	软体动物门
食 物	海藻
主要特点	雌雄同体的软体动物

shān hú
珊 瑚

shān hú suī rán zhǎng de xiàng wǔ yán liù sè de shù zhī dàn tā men què shì míng
珊瑚虽然长得像五颜六色的树枝，但它们却是名

fù qí shí de dòng wù shān hú chóng tā men shì yī zhǒng jié gòu jiǎn dān de
副其实的动物——珊瑚虫。它们是一种结构简单的

dòng wù zhǎng de hǎo xiàng yī gè shuāng céng kǒu dài méi yǒu yǎn jing bí zi zhǐ
动物，长得好像一个双层口袋，没有眼睛、鼻子，只

yǒu yī zhāng kǒu kǒu jìn qù jiù shì yī gēn zhí cháng zi kǒu de zhōu wéi
有一张口，口进去就是一根直肠子，口的周围

hái shēng le xǔ duō chù shǒu shān hú jiù shì yóu xǔ duō shān hú
还生了许多触手。珊瑚就是由许多珊瑚

chóng jù jí zài yī qǐ zǔ chéng de
虫聚集在一起组成的。

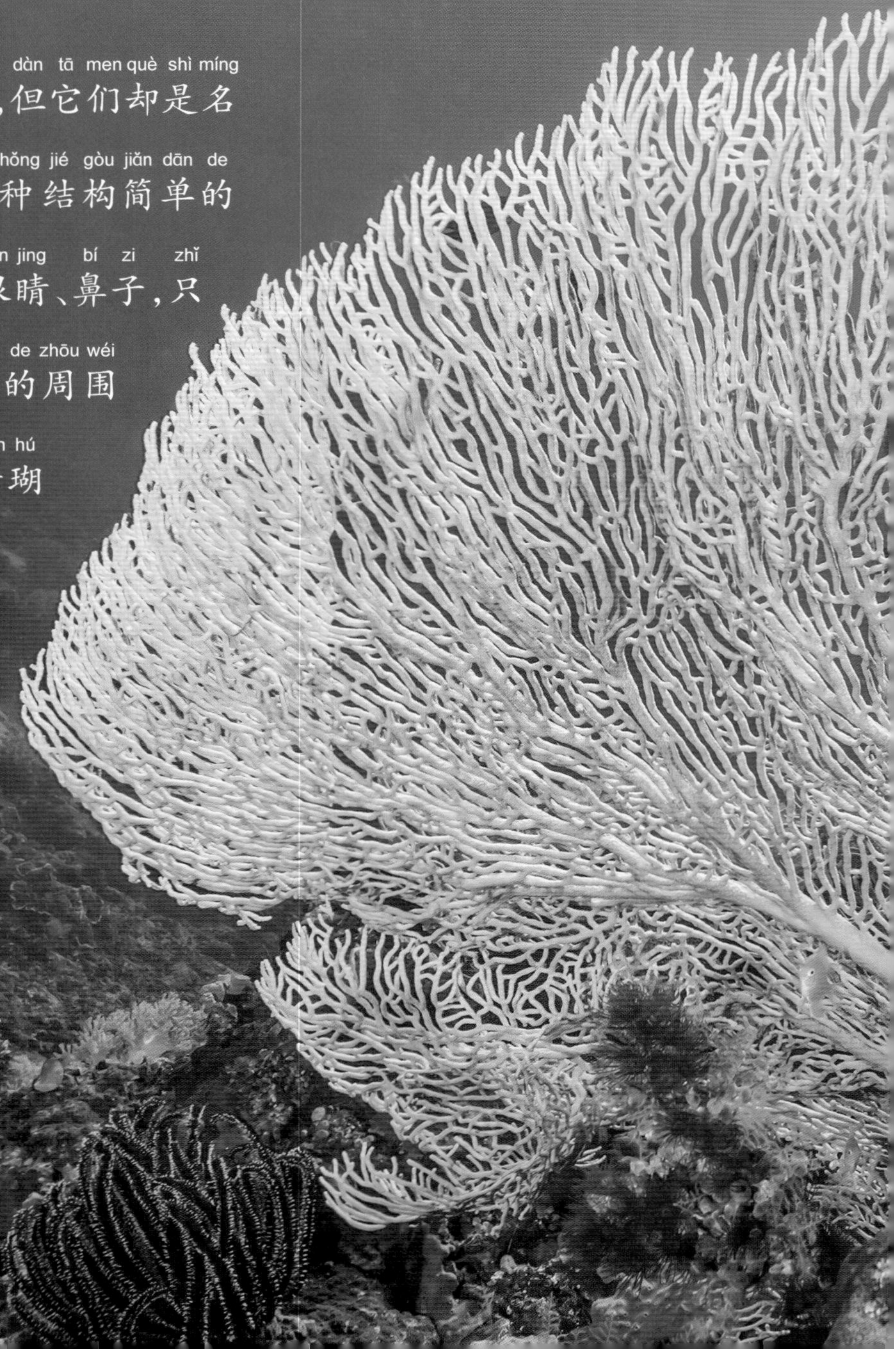

我还知道

珊瑚虫聚在一起后，骨架也会连在一起。它们一代一代地在祖先的"骨骼"上面繁殖后代，分泌外壳，久而久之就形成了形态万千的珊瑚礁。

动物小档案

家　　族	刺胞动物门
食　　物	海中的浮游生物
主要特点	长得像树枝

水 母
shuǐ mǔ

蔚蓝色的海面上经常点
wèi lán sè de hǎi miàn shang jīng cháng diǎn

缀着许多优美的"小伞",这就
zhuì zhe xǔ duō yōu měi de xiǎo sǎn zhè jiù

是漂亮的水母。它们没有固
shì piào liang de shuǐ mǔ tā men méi yǒu gù

定的形状,总是成群在海中
dìng de xíng zhuàng zǒng shì chéng qún zài hǎi zhōng

漂游,随着身体的弯曲和摆动
piāo yóu suí zhe shēn tǐ de wān qū hé bǎi dòng

散发出五颜六色的光芒,看
sàn fā chū wǔ yán liù sè de guāng máng kàn

上去美丽极了!不过,水母美
shàng qù měi lì jí le bù guò shuǐ mǔ měi

丽却凶猛,它的触手上布满
lì què xiōng měng tā de chù shǒu shang bù mǎn

了刺细胞,像毒丝一样,能够
le cì xì bāo xiàng dú sī yī yàng néng gòu

射出毒液,有些猎物被刺伤后
shè chū dú yè yǒu xiē liè wù bèi cì shāng hòu

甚至会迅速麻痹而死。
shèn zhì huì xùn sù má bì ér sǐ

8

我还知道

　　僧帽水母总是在海面上静静漂浮着，就像僧侣的帽子一样。它们其实并不是单个水母，而是由很多水螅和水母集合在一起组成的。

动物小档案

家 族	刺胞动物门
食 物	浮游生物、甲壳类、小鱼虾等
主要特点	身体透明，会发光

海葵
hǎi kuí

海葵长得像盛开的"葵花",其实
hǎi kuí zhǎng de xiàng shèng kāi de kuí huā qí shí

却是一种动物。它们总是吸附在海底
què shì yī zhǒng dòng wù tā men zǒng shì xī fù zài hǎi dǐ

的岩石上,伸展着娇艳美丽的"花瓣",
de yán shí shang shēn zhǎn zhe jiāo yàn měi lì de huā bàn

来吸引过路的鱼儿。若是鱼儿好奇地
lái xī yǐn guò lù de yú er ruò shì yú er hào qí de

接近,海葵就会突然伸出花瓣状的触
jiē jìn hǎi kuí jiù huì tū rán shēn chū huā bàn zhuàng de chù

手包住猎物,再迅速给猎物体内注射
shǒu bāo zhù liè wù zài xùn sù gěi liè wù tǐ nèi zhù shè

一种毒液,将其毒死后吞入口中。
yī zhǒng dú yè jiāng qí dú sǐ hòu tūn rù kǒu zhōng

我还知道

遇到危险时，海葵的触手和身体就会迅速收缩成一个小球，或者缩进海底的泥沙中。危险解除后，它们才会逐渐伸展开来。

动物小档案

家　　族｜刺胞动物门
食　　物｜软体动物、甲壳类、小鱼等
主要特点｜长得像一朵盛开的"葵花"

海百合
hǎi bǎi hé

除了海葵之外，海洋中还有一种
长相酷似植物的动物，那就是海百合。

其实，海百合和海葵并没有什么亲缘关
系，反而和海星的关系更近一些。海百
合长有很多像叶子一样的腕足，那是它
们的捕食工具，用来捕捉海里的浮游生
物。吃饱喝足睡觉时，它们收
起腕足，像将要凋谢的花。

我还知道

海百合的身体有一根像植物茎一样的柄，它们会用柄附着在海底或石头上生活。但也有一些没有柄的种类，可以在海里自由自在地游动。

动物小档案

家　　族	棘皮动物门
食　　物	浮游生物
主要特点	长得像美丽的"百合花"

海星
hǎi xīng

海星 长得像一颗可爱的五角星，

它们的体形不太大，身体扁扁的，体色

非常鲜艳。海星没有眼睛，不

过它们的皮肤却能感觉到周围

光线的强度变化，从而收集到来自各

个方向的信息，及时掌握周边情况。

有意思的是，它们还能随

着周围环境的变化来改

变皮肤颜色呢！

14

我还知道

海星通常有五根腕,但也有些海星的腕多达十几根。这些腕的下面长着许多细细的管足,海星就是用管足来行走的。

动物小档案

家　　族	棘皮动物门
食　　物	贝壳、甲壳类动物
主要特点	长得像一颗五角星,具有很强的再生能力

hǎi dǎn

海 胆

hǎi dǎn zhǎng de xiàng gè "cì qiú", suǒ yǐ yòu bèi
海胆长得像个"刺球",所以又被
chēng zuò "hǎi cì wei"。 suī rán tā men hún shēn zhǎng mǎn
称作"海刺猬"。虽然它们浑身长满
yìng cì, dàn shì què fēi cháng dǎn xiǎo, bù jǐn hěn shǎo sì chù
硬刺,但是却非常胆小,不仅很少四处
zǒu dòng, yù dào wēi xiǎn shí hái huì lì kè duǒ jìn yán shí huò
走动,遇到危险时还会立刻躲进岩石或
shān hú jiāo de fèng xì li。 hǎi dǎn shēn shang de yìng cì shēn
珊瑚礁的缝隙里。海胆身上的硬刺伸
xiàng sì miàn bā fāng, jì néng bāng zhù tā men zài
向四面八方,既能帮助它们在
shuǐ zhōng wěn zhù shēn tǐ, yě néng
水中稳住身体,也能
bāng zhù tā men zài hǎi dǐ suí yì
帮助它们在海底随意
de zǒu dòng。
地走动。

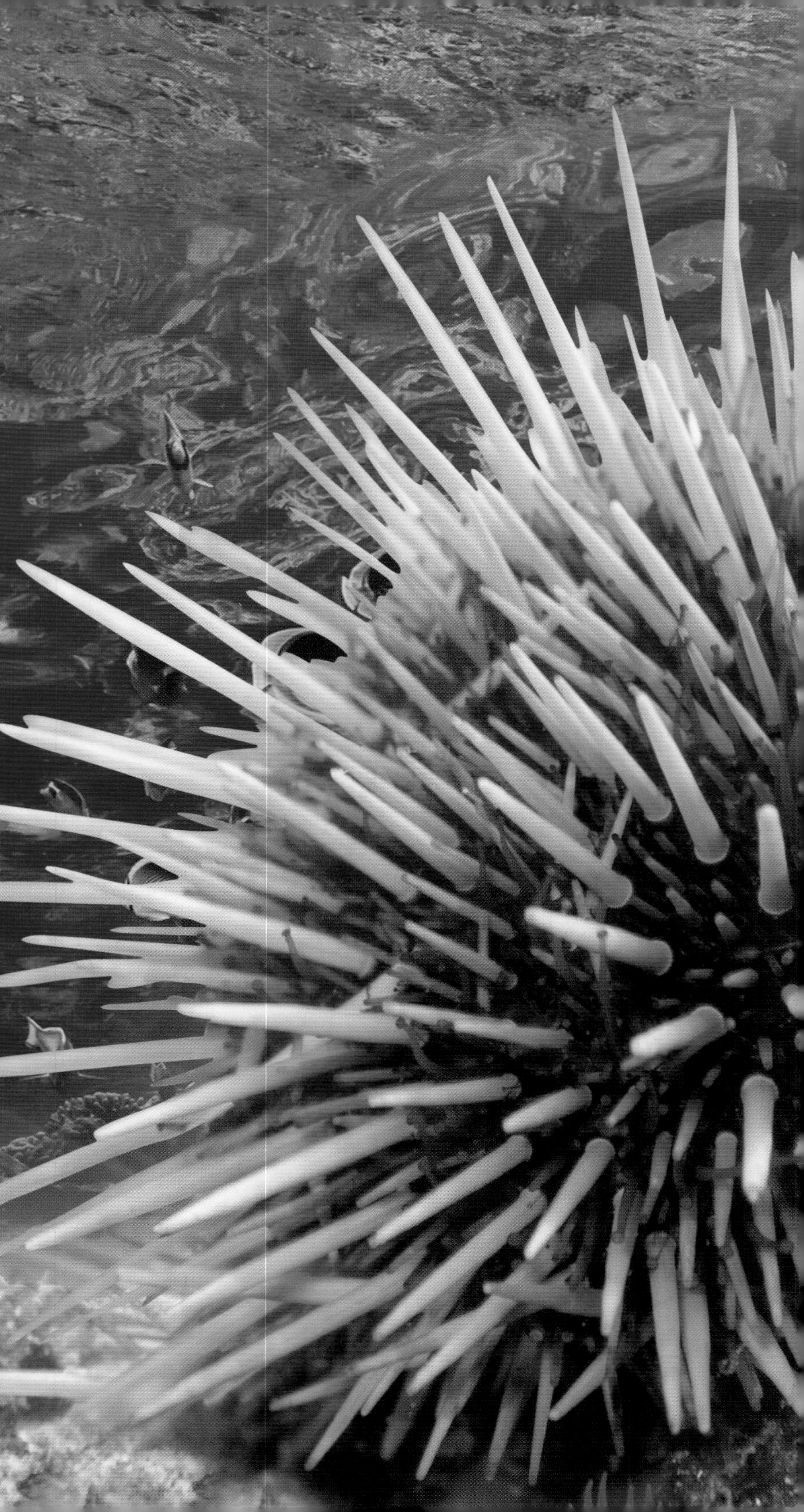

我还知道

棘刺是海胆的有效防卫武器，有的海胆棘刺里含有毒液。通常越漂亮、色彩越鲜艳的海胆，毒性也越强。

动物小档案

家　　族┃棘皮动物门
食　　物┃藻类、水螅、蠕虫等
主要特点┃长得像个"刺球"

海参
hǎi shēn

hǎi shēn zhǎng zhe yuán tǒng zhuàng de shēn zi shàng miàn hái yǒu
海参长着圆筒状的身子，上面还有

hěn duō tū chū de ròu cì kù sì huáng guā suǒ yǐ yòu bèi chēng
很多突出的肉刺，酷似黄瓜，所以又被称

wéi hǎi huáng guā tā men cháng zài hǎi dǐ ní shā shang huǎn màn
为"海黄瓜"。它们常在海底泥沙上缓慢

pá xíng yù dào wēi xiǎn shí jiù bǎ shēn tǐ měng de suō jǐn pū
爬行，遇到危险时，就把身体猛地缩紧，"噗"

de yī shēng cóng shēn tǐ hòu fāng jiāng nèi zàng pēn chū lái zài duì shǒu
的一声从身体后方将内脏喷出来，在对手

lèng shén shí tā men chèn jī liū zǒu bù guò bù yòng dān xīn
愣神时，它们趁机溜走。不过不用担心，

yòng bù liǎo duō jiǔ hǎi shēn jiù néng chóng xīn zhǎng chū yī
用不了多久，海参就能重新长出一

fù nèi zàng lái
副内脏来。

18

我还知道

海参有很多不同的种类,有一些样子长得非常奇特,比如紫伪翼手参,它们的颜色非常艳丽,也被称为"海苹果"。

动物小档案

家　　族	棘皮动物门
食　　物	海底藻类、浮游生物等
主要特点	内脏再生能力很强

海鞘

海鞘长得像个瓶口朝上的"花瓶"，常吸附在岩石或船只底部。它们将海水吸入头上的"入水孔"，吸收掉里面的氧气和微生物，再将废水从身体侧面的"出水孔"排出体外。如果遇到强敌，它们还会通过挤压身体，从"出水孔"射出一股强劲的水流，来吓退敌人。

动物小档案

家　　族	脊索动物门
食　　物	浮游生物、有机物碎屑等
主要特点	血管无动脉和静脉之分，血液双向流动

我还知道

海鞘看起来小小的，结构也很简单，可它们却是海洋无脊椎动物中进化程度最高的一种，已经具有原始脊椎动物的一些特点了。

图书在版编目（CIP）数据

有趣的动物王国. 第二辑 / 张功学主编. —西安:
未来出版社，2018.8
ISBN 978-7-5417-6649-7

Ⅰ. ①有… Ⅱ. ①张… Ⅲ. ①动物—儿童读物 Ⅳ.
①Q95-49

中国版本图书馆 CIP 数据核字（2018）第 157930 号

有趣的动物王国（第二辑）
YOUQU DE DONGWU WANGGUO

海洋中的另类
HAIYANG ZHONG DE LINGLEI

主　　编　张功学
丛书统筹　魏广振
责任编辑　陈丹盈
美术编辑　许　歌
出版发行　陕西新华出版传媒集团　未来出版社
地　　址　西安市丰庆路 91 号　邮编：710082
电　　话　029-84288458
开　　本　787mm×1092mm　1/12
印　　张　20
字　　数　100 千
印　　刷　陕西安康天宝实业有限公司
版　　次　2019 年 1 月第 1 版
印　　次　2019 年 1 月第 1 次印刷
书　　号　ISBN 978-7-5417-6649-7
定　　价　118.00 元（全十册）